青少年必读文丛

让孩子养成受益
一生的好心态

RANGHAIZI YANGCHENG SHOUYI
YISHENG DE HAOXINTAI

徐先玲　张浚哲◎编著

开明出版社

图书在版编目（CIP）数据

让孩子养成受益一生的好心态 / 徐先玲，张浚哲编著 . —北京：开明出版社，2017.1
ISBN 978-7-5131-2924-4

Ⅰ . ①让… Ⅱ . ①徐… ②张… Ⅲ . ①故事 – 作品集 – 世界 Ⅳ . ① I14

中国版本图书馆 CIP 数据核字 (2016) 第 309131 号

责任编辑：张薇薇
装帧设计：揽胜视觉

书　名：让孩子养成受益一生的好心态
出　版：开明出版社
（北京海淀区西三环北路 25 号　邮编 100089）
经　销：全国新华书店
印　刷：三河市同力彩印有限公司
开　本：787 × 1092　1/16
印　张：10
字　数：160 千字
版　次：2017 年 3 月第 1 版
印　次：2017 年 3 月第 1 次印刷
定　价：29.00 元

前 言

十月怀胎，一朝分娩。生命在孕育的漫长阵痛中烙上了先天的灵性。自从呱呱坠地之时起，一双认知新生世界的懵懂眸子怯生茫然地审视着自己未来的“襁褓时代”。随着岁月无痕地悄然滑过，简单而饱含复杂情感的肢体语言流露着孩提的无邪童真。从牙牙学语的那一刻起，孩子的心灵感悟就进入了后天培养的塑造时期。

青少年是祖国的未来，更是祖国明天的希望。尤其在教育日益发达的今天，望子成龙、盼女成凤的家长情结更为迫切。“宝剑锋从磨砺出，梅花香自苦寒来”，如何从小为孩子科学地谋划一个健康的未来，为他们的成功之路奠定捷径成了每个家长翘首以待的重要课题。为此，我们特意编写了这套有关培养青少年茁壮成长的益智丛书——《青少年必读文丛》，希望对他们的身心成长大有裨益。

古人云：“玉不琢，不成器。”《青少年必读文丛》是根据青少年成长阶段的特点精心策划和量身定做的“精神食粮”。内容涉及青少年的生活、学习、交友等诸多方面，既有关于为人处世的“灵丹妙药”，也有陶冶情操的“心灵鸡汤”；既有关于做人道理和人生哲学的“智慧引擎”，也有如何创新和摆脱压力的思维火花；既有关于名人奋斗历程的榜样启迪，又有父母恩情的谆谆教诲；既有关于与人交往的沟通技巧，也有温文尔雅的社交礼仪。本套丛书选材精细，内容全面；富有启发，可读性强；语言生动，意趣横生；由表及里，通俗易懂；愿《青少年必读文丛》能启迪心智，熏陶身心，它将成为青少年朋友桌头案前的良师益友和人生驿站中一道美丽的彩虹。

本套《青少年必读文丛》包括：《陶冶孩子情操的校园文学作品》《孩子必须学会的为人处事方法》《让孩子养成受益一生的好心态》《让孩子体会父母恩情的故事集》《让孩子知道名人的奋斗历程》《孩子必须掌握的沟通技巧》《教孩子学会摆脱压力》《让孩子学会如何创新》《培养孩子成功意识的经典故事集》《激发孩子潜能的经典故事集》等。

自古英雄出少年，近代著名教育家和文学家梁启超曾经说过："今日之责任，不在他人，而全在我少年。少年智则国智，少年富则国富，少年强则国强，少年独立则国独立，少年自由则国自由，少年进步则国进步。"一位伟人对青少年浩然昭示：世界是你们的，也是我们的，但归根到底是你们的。青少年朋友，你们准备好了吗？成功之路就在脚下……

目录

第一章　好心态成就完美人生

第二章　坚定信念　秉持自信

第六章　心境平和　创造辉煌

第七章　直面人生　永不言败

第八章　百折不挠　坚持到底

第一章　好心态成就完美人生

1. 积极心态的力量

良好的心态是无价的，如果你能拥有一个良好的心态，你就能获得你通过努力想要的一切。因为，良好的心态能让你树立起必胜的信念，而信念会使你充满前进的动力，改变你险恶的现状，带来令你难以相信的圆满结果。只有一个人内心里存有一团火，才能释放出光和热，如果内心里存放的是一块冰，就是化了也还是零度。只有当自己内心充满热情，才能释放热情，才能感化他人，赢得快乐和幸福。

奇迹是心态积极的人创造出来的。一个人如果是个积极思维者，喜欢接受挑战和处理麻烦事，那么障碍或挫折在他眼里，就不值一提。

有这样一个故事：

有两位年届70岁的老太太，一位认为自己到了这个年纪可算是人生的尽头，于是，便开始料理后事，等待死亡的降临，则疾病缠身、卧病在床；另一位却认为，一个人能做什么事不在于年龄的大小，而在于怎么想——于是，她在70岁高龄之际开始学习登山，在95岁那一年，她登上了日本的富士山，打破了征服此山年龄最高的纪录——她就是著名的胡达·克鲁斯老太太。

这就是积极心态的力量。同一件事由具有两种不同心态的人去做，其结果可能相反，心态决定人的命运。不要因为我们的心态而使我们自己成为一个失败者。要知道，成功永远属于那些有积极心态并付诸行动的人。如果我们想改变自己的世界，首先就应该改变自己的心态。心态是正确的，我们的世界也会是正确的；当我们抱着积极心态时，遇到的一切困难与挫折便会在我们面前低头。

一个人能否成功，就看他的心态了！成功人士与失败者之间的差别是：失败者的人生是受过去的种种失败与疑虑引导支配的。成功人士则刚好相反，他们始终用最积极的思考、最乐观的精神和最辉煌的经验支配和控制自己的人生，因此说成功者都有一个好心态。

其实，人与人之间并没有多大的区别，但为什么人生会有差别，心理学专家认为这个秘密就是人的“心态”。

也许你不相信自己的心态能价值百万，但你要知道，如果你能拥有一个良好的心态，你对世界就会完全改观。你看：桑叶能变成丝绸；黏土能变成堡垒；柏树能变成殿堂……桑叶、黏土、柏树经过人的创造，可以成百上千倍地提高自身的价值，那么，你为什么不能使自己身价百倍呢？

怎样才能做到呢？首先，你要建立一个好心态，不要害怕人生会遭遇挫折。摔倒了，再爬起来，不要灰心，因为每个人在抵达目标前都会受到挫折。只有小爬虫不必担心摔倒。你不是小爬虫，你是一个人，你一定可以拥有成就事业的良好心态。

一位心理学家曾这样来论述人生与心态的关系：人生是好是坏，并不由命运来决定，而是由你的信念和处世的心态

来决定；生命像一条溪流，在岁月的原野上不断地流动着，如果你不主动地、有计划地掌稳自己的航向，它就会随波逐流，消逝在连自己也不可知的远方；如果你不在自己心理和生理的土壤中播下期望的种子，那么荒草便会蔓生；如果你不主动地把自己的心态导向积极的一面，消极灰暗的心境就会像一只不祥之鸟，在你人生的岁月里不停地哀鸣。

拥有积极、良好心态的人身上永远洋溢着自信，他们会用自己的行动来告诉人们：要相信你自己，你的成功和财富的获得，必须依靠你积极的心态。

据说，所罗门国王曾有这样的言论："他的心怎样思量，他的为人就是怎样。"换而言之，人们相信有什么样的结果，就可能有什么样的结果，人不可能拥有自己并不追求的成就。积极的人生是自己掌握自己的命运，自己做自己的主人，这也是一种人的本性的倾向，我们把自己想象成什么样子，就真的会成为什么样子。积极的人能够掌握自己的命运，一旦事情进展不顺利或者发生偏向时，他会立刻做出反应，寻找解决办法，制定新的行动计划。

世上无难事，只怕有心人。拿破仑·希尔说过：把你的心放在你想要的东西上，使你的心远离你所不想要的东西。对于有积极心态的人来说，每一种逆境都含有等量或者更大利益的种子，有时，那些似乎是逆境的东西，其实往往正隐藏着良机。

积极心态者的另一个突出表现就是投入，投入代表热爱和激情，投入才能获得愉快。看一场球就想自己去打一场，做一顿饭就一定做得有色有味，写一篇文章会深入其境，看一部好的电影会热泪盈眶，进行一项研究会废寝忘食……对积极工作的人来说，这一切都那么吸引人，那么有趣味。而激情投入的结果无疑将增大成功的可能性。当然，世间诸事不可能都一帆风顺。法拉第说过："拼命去争取成功，但不要期望一定会成功。"这与我们中国古代的名言"尽人力而听天命"可谓不谋而合，都表达了一个人生观的准则，那就是奥斯特洛夫斯基在《钢铁是怎样炼成的》一书中所表达的那样："不要在临终前对自己一生的行为有丝毫的后悔，想到就尽力去做"。

有积极心态的人知道：看待事物时，应该考虑事物既有好的一面，同样也有坏的一面。他可以强调好的一面，因为，这样可以产生良好的愿望和结果；他不会否认消极因素的存在，但他早已学会了不让自己沉溺其中；

他常能心存光明远景，即使身陷困境，也能以愉悦和创造性的态度走出困境，迎向光明。

为什么一定要身背大山上路呢？为什么一定要“风萧萧兮易水寒，壮士一去兮不复还”？何不轻装上阵，付出定有回报。不懈进取的历程，积极投入的人生，会使你很快发现自己的长处和短处，从而正确评价自己，根据自己的目标制定出适合自己的行进方式，缩短走向成功目标的距离。

一个人的心态，往往在很大程度上决定着他人生的价值取向。一个人若是被一些不良的心态所左右，人生的航船就有可能驶入河沟浅滩，从而失去发展的机会；一个人若是一生都能持有良好的心态，那么，他人生的路就会越走越宽，生命的景色就会越来越美，生命的价值就会越来越大……

因此，我们每天是否能用良好的心态守住自己灵魂的大门，这与我们能否拥有卓越的人生密不可分。

2. 心态会产生惊人的力量

积极心态是迈向成功不可缺少的要素，积极心态是人生成功最重要的前提条件之一。人一旦将积极的心态运用到人生中的一些事情上，可能会出现意想不到的好结果。

心态是一把双刃剑，是人人都有的精神世界。两种心态会产生两种力量：一种能让你获得财富、拥有幸福、健康长寿，另一种能让这些东西远离于你，剥夺一切使你的生活富有意义的东西。在这两种心态中，前者属于积极心态，它可以使你达到人生的顶峰，尽享成功的快乐与美好。而后者就是消极心态，使你在整个一生中都处于一种消沉无助的状态中，使得困苦与不幸一直缠身。更可怕的是，当你已经到达顶峰的时候，这种消极的心态也许会让你从顶峰滑落下来，直至跌入低谷。

对成功而言，心态真可谓太重要了。人生中如果始终保持积极的心态，并引导它为明确的目标服务的话，你就能享受到它为你带来的成功幸福的人生：生理和心理的健康；独立的经济；能表达自我的工作；内心的平静；没有恐惧的自信心；长久的友谊；长寿而且各方面都能取得平衡的生活；免于自我设限；了解自己和他人的智慧。

相反，如果人的一生保持一种消极心态，而且使之渗透到思想之中，影响了工作和生活，将会尝到这样的后果：贫穷与凄惨的生活；生理和心理的疾病；使你变得平庸的自我设限；恐惧以及其他破坏性的结果；限制你帮助自己的方法；敌人多，朋友少；产生人类所知的各种烦恼；成为所有负面影响的牺牲品；屈服在他人的意志之下；过着一种毫无意义的颓废生活。

选择积极的还是消极的心态，这是人生成败的一个关键的精神因素，在这二者之间没有任何折中和妥协。每个人必须在两者中选择其一。

也许有人会反驳说："事实果真如此吗？我一生中就碰到过许多困难与挫折，每当这些时候，我也读过不少充满积极心态的力量的书，可是仍解决不了问题。"也许还有人会说："是的，我也认为那一套没用。我的事业正陷入低潮，我也试过积极心态这一招，但我的人生依旧毫无起色。心态积极也无法改变事实，要不然我怎么还会遇到失败呢？"

如果你也如此认为，如果你也对积极心态的力量持一种否定与排斥的想法，那说明一点，你并不完全真正了解积极心态力量的本质。一个拥有积极心态的人并不会否认消极因素的存在，他只是学会不让自己沉溺其中。积极心态要求你在生活中的一时一事中有积极的思想。积极思想是一种思想模式，它使我们在面临恶劣的情形时仍能寻求最好的、最有利的结果。换句话说，在追求某种目标时，即使举步维艰，仍有所指望。事实也证明，当你往好的一面看时，你便有可能获得成功。积极思想是一种深思熟虑的过程，也是一种主观的选择。那么，什么是积极的心态呢？下面的例子会告诉我们。

汉斯被解雇了，对此老板未做任何解释，唯一的理由是公司的政策有些变化，现在不再需要他了。更令他难以接受的是，就在几个月以前，另一家公司还想以优厚的条件将他挖走，汉斯把这事告诉了老板，当时老板极力挽留他说："汉斯，我们更需要你！而且，我们会给你一个更好的前景。"而今天，汉斯在这个世界上好像成了多余的人，哪里都不再需要他了。

汉斯落到了如此结局，可想而知他是多么痛苦。一种不被人需要、被人拒绝以及不安全的情绪一直缠绕着他，他不断地徘徊、挣扎，自尊心深受打击，一个原本能干而有生机的汉斯变得消沉沮丧、愤世嫉俗。在这种心境下，他怎么可能找到新的工作呢？

在这种情形下，正是积极心态的力量发挥了最佳功效，使汉斯重新找到了自己。

汉斯开始思考自己，他目前这种状况是否也存在一些积极的因素呢？他不知道，但他发现了许多消极负面的情绪，这些负面因素是使他一蹶不振的主要原因。他也意识到一点，要想发挥积极思想的功用，自己首先必须做到一点——排除消极的情绪。

没错！这便是汉斯必须着手开始的地方。于是他开始改变思维方式，摒除消极的情绪，代之以积极的思想，使自己的心灵复苏。他开始有规律地思考："我相信这一切都是命运的安排，我被解雇，相信也是如此。我不再抱怨自己的遭遇，只想弄明白这事究竟为何。"当他开始相信所发生的一切事情都确有其因之后，他不再对老板愤懑不已。他认为，如果自己身为老板，可能也不得不如此。当他如此考虑之后，自己的整个心态完全变了，他又找到了工作，并在人生中重新得到了快乐。

这就是积极的心态所产生的力量。其实，积极的心态只是一种精神的自我调整、自我控制，而不是无所不能，无中生有。绝不像只需笑一下什么人生烦恼便都可解决那么简单，而是一切都有迹可循，最终还得靠我们自己。当我们因某些不如意而心中充斥着不满、怨气和仇恨时，怎么可能尽心尽力地去面对人生。倘若怨天尤人，牢骚满腹，怎么会在这样的心态下出现人生转机呢？汉斯只不过是及时调整了他自己的心态，改变了自己的思考和行为方式，而且实事求是地分析了事实。

因此积极心态是一种对任何人、情况或环境所持的正确、诚恳而且具有建设性的思想、行为或反应。积极心态允许你扩展你的希望，并克服所有消极心态。它给你实现你的愿望的精神力量、感情和信心，积极心态是当你面对任何挑战时应该具备的"我能……而且我会……"的心态。

拥有积极的心态，是哈佛人生哲学中最着力突出的一种理念。因为，积极心态是迈向成功不可缺少的要素，积极心态是人生成功最重要的前提条件。

3. 成败决定于你的心态

一个人首先应该具有的是积极的心态，相信自己一定能成功。只要有了这种心态，成功就不会太遥远。

心态具有无比神奇的力量。它既可以使一个人在浑浑噩噩中奋起做事，也可使一个人在安逸清闲中腐化堕落。你的未来将走哪一条路，决定于你的心态，决定于你是在快乐或是颓丧的心态支配下的人生选择。每个人都为不同的心态所驱使，哈佛哲学正是要告诉你：你要认识你自己，你要相信自己不是在地面踱步的鸭子，而是一只要展翅高飞、翱翔万里的雄鹰！

一个星期六的早晨，住在美国犹他州的一个牧师正在为第二天的布道辞煞费苦心。他的妻子出去购物了，外面下着小雨，儿子强尼无所事事，烦躁不安；牧师随手抓起一本旧杂志，翻了翻，看见一张色彩鲜丽的世界地图。于是他把这一页撕下来，然后把它撕成小片，丢在客厅的地板上说：

“强尼，你把它拼起来，我就给你一块巧克力。”

牧师心想，他至少会忙上半天，自己也能安静地思考明天的布道辞。谁知不到十分钟，儿子敲响了他书房的门，他已经拼好了。牧师十分惊讶，强尼居然这么快就拼好了。每一片纸头都拼在了它应在的位置上，整张地图又恢复了原状。

“儿子，你怎么这么快就拼好啦？”牧师问。

“噢，”强尼说，“很简单呀！这张地图的背面有一个人的图画。我先把一张纸放在下面，把人的图画放在上面拼起来，再放一张纸在拼好的图上面，然后翻过来就好了。我想，假使人拼得对，地图一定拼得不错。”

牧师非常高兴，给了儿子一块巧克力，说：“你不但拼好了地图，而且也教给了我明天布道的题目——假使一个人是对的，他的世界也是对的。”

这个故事的意义非常深刻，如果你不满意自己的现状，力求改变它，那么首先应该改变的是你自己，即“如果你是对的，你的世界也是对的”。

假如你有积极的心态，你周围所有的问题都会迎刃而解。

日本企业家西村金助原是一个身无分文的穷光蛋，但是他从没对自己有一天能成为富翁产生过怀疑。他顽强进取，处处留心，做生活的有心人，做致富的有心人。他的这种积极的心态帮助了他，面对现状他不沮丧、不气馁，而是力求向上，力求改变现状，这种心态终于使他创富成功。

西村先借钱办了一个制造玩具的小沙漏厂。沙漏是一种古董玩具，它在时钟未发明前用来计时；时钟问世后，沙漏已完成它的历史使命，而西村金助却把它作为一种古董来生产销售。

本来，沙漏作为玩具，趣味性不多，孩子们自然不大喜欢它，因此销量很小。但西村金助一时找不到其他比较适合的工作，只能继续干他的老本行。沙漏的需求越来越少，西村金助最后只得停产。但他并不气馁，他完全相信自己能够战胜眼前的困难，于是他决定先好好休息、轻松一下，他便每天都找些娱乐：看看棒球赛，读读书，听听音乐，或者领着妻子、孩子外出旅游。但他的头脑一刻也没有停止开拓的思考。机会终于来了，一天，西材翻看一本讲赛马的书，书上说，“马匹在现代社会里失去了它运输的功能，但是又以高娱乐价值的面目出现。”在这不引人注目的两行字里，西村好像听到了上帝的声音，他高兴得跳了起来。他想：“赛马骑用的马匹比运货的马匹值钱。是啊！我应该找出沙漏的新用途！”

就这样，从书中偶得的灵感，使西村金助精神重新振奋起来，把心思又全都放到他的沙漏上。经过几天苦苦的思索，一个构思浮现在西村的脑海：做个限时3分钟的沙漏，在3分钟内，沙漏里的沙子就会完全落到下面来，把它装在电话机旁，这样打长途电话时就不会超过3分钟，电话费就可以有效地控制了。

想好了后，西村就开始动手制作。这个东西设计上非常简单，把沙漏的两端嵌上一个精致的小木板，再接上一条铜链，然后用螺丝钉钉在电话机旁就行了。不打电话时还可以作装饰品，看它点点滴滴落下来，虽是微不足道的小玩意，却能调剂一下现代人紧张的生活。

担心电话费支出的人很多，西村金助的新沙漏可以有效地控制通话时间，售价又非常便宜，因此一上市，销量就很不错，平均每个月能售出三万个。这项创新使原本没有前途的沙漏转瞬间成为对生活有益的用品，销量成倍地增加，面临倒闭的小作坊很快变成一个大企业，西村金助也从一个即将破产的小业主摇身一变，成了腰缠万贯的富豪。西村金助成功了，赚了大钱，而且是轻轻松松，没费多大力气。可是如果他不是一个心态积极的人，如果他在暂时的困难面前一蹶不振，那么他就不可能成为富豪。

所以，一个人首先应该具有的是积极的心态，相信自己一定能成功。只要有了这种心态，成功就不会太遥远。

相反，消极的心态则会摧毁人们的信心，使希望泯灭；消极的心态就像一剂慢性毒药，吃了这剂药的人会慢慢地变得意志消沉，失去前进的动力，因而也就失去了未来的希望。

一位哈佛教授总结道：一个人具有什么样的心态，他就可以成为一个什么样的人，他就拥有一个怎样的人生。事情往往是这样，你相信会有什么结果，就可能会有什么结果。假使你的心态是积极的，那生命的阳光必然将你的前程照亮。从此，黑暗、恐惧、颓丧等等都会远离你。你会发现：原来世界是如此美好，原来生活是这样可爱。

所以，不论任何时候，不论你遭遇了怎样的人生境况，保持一个积极正确的心态，永远是最重要的。

4. 积极的心态是成功者的法宝

人的心理状态的一面装饰着“积极的心态”五个字，另一面装饰着“消极的心态”五个字，积极的心态具有吸引真善美的力量，而消极的心态则排斥它们——正是消极的心态剥夺了一些使你的生活有价值的东西。

不要由于没有成功就责备这个世界的不够完美，这是可笑与可鄙的。你要像所有成功者那样发展自己火热地谋求成功的愿望。怎样发展？把你的心放在所想要的东西上，使你的心远离你所不想要的东西。

对于那些具有积极心态的人来说，每一种逆境都是含有等量的或更大利益的种子。有时，那些似乎是逆境的东西，其实是上升的好机会。你愿意花费时间思考以决定你怎样才能把逆境化为等量或更大的利益吗？请这样回答说：我当然愿意！

决不能低估消极心态的排斥力量，如不重视你未必是它的对手，因为，它能阻止人生的幸运，不让你受益。

不要老是觉得自己委屈，顾影自怜，要知道，成功是由那些具有积极心态的人所取得的，并由那些以积极的心态努力不懈的人所保持的。

积极向上的心态是成功者最基本的要素之一。

记住！你认识到你自己的积极心态的那一天，也就是你遇到最重要的东西的那一天；而这个世界上最重要的东西就是你的积极心态！你的这种思想、这种精神、这种心理就是你的法宝，你的力量。

积极的心态必须是正确的心态。正确的心态总是具有“正性”的特点，例如：忠诚、仁爱、正直、希望、乐观、勇敢、创造、慷慨、容忍、机智、亲切和高度的通情达理。具有积极心态的人，总是怀着较高的目标，并不断奋斗，以达到自己的目标。

消极的心态则具有与积极的心态相反的特点。如果说，积极是人类最大的法宝；那么，消极就是人类致命的弱点。如果不能克服这一致命的弱点，你将失去希望之所在，并失去希望之所由，悲伤、寂寞、烦躁、颓废、痛苦。

不！我们不要这样。我们虽有很多弱点，但我们不是弱者。积极心态的树立，将使我们很快地摆脱消极心理的阴影，成为一个快乐的强者！

5. 心态是命运的控制塔

所谓心态即心理态度的简称，包括诸种心理品质的修养和能力。换句话说，心态表现在人的意识、观念、动机、情感、气质、兴趣等心理状态的活动中，它是人的心理对各种信息刺激做出反应的趋向。人的这种心理反应趋向不论是认识性的、感情性的，还是行为性的、评价性的，都对人的思维、选择、言谈和行为具有导向和支配的作用。所以，我们有充分的理由相信：人生的成败，人生的快乐和幸福源于许多因素的影响，但起决定作用的却是心态。生活中，很少有一帆风顺的旅程，总难免会有一些小挫折或小意外发生，如果心态不好，幸福和快乐不免就会大打折扣。任何时候，美好的风景都需要好心情才能欣赏。

生活就像是一面镜子，你对它哭它就哭，你对它笑它就笑。你对它抱消极的心态，它便黯淡，减少你的快乐和幸福；你对它抱积极的态度，它便帮助你乐观地对待竞争、压力，轻松地前进、成功。

不管在什么样的生活环境下，只有当我们的心态积极健康的时候，才能正确地看待得失、成败；正确地处理竞争、压力；正确地对待他人、自己。由此可见，心态对我们的生活影响巨大。心态的影响力到底有多大呢？

曾有人组织过这样一个试验——组织者一共找来了九个人，然后对他们说："你们九个人听我的指挥，走过这个曲曲弯弯的小桥，千万别掉下去，不过掉下去也没关系，底下就是一点水。"九个人听明白之后，哗啦哗啦都走过去了。走过去后，组织者打开了旁边的一盏黄灯。透过黄灯，九个人吃惊地看到，桥底下不仅仅是一点水，而且还有几条因为饥饿正在游动的鳄鱼。九个人都吓了一跳，暗自庆幸刚才自己没掉下去。正在这时，组织者问："现在你们谁敢走回来？"他一连问了几声，竟没人敢走了。组织者说："你们只要勇敢一些，照样可以安全地走回去。不妨采用心理暗示的方法，想象自己就是走在坚固的铁桥上……"他鼓励、诱导了半天，终于有三个稍微勇敢一点的人站起来，表示愿意尝试一下。第一个人颤颤巍巍地走回去了，但比来的时间多花了一倍；第二个人心里恐惧，哆哆嗦嗦地走了一半再也坚持不住了，吓得趴在了桥上；第三个人才走了三步就吓趴下了。教授这时打开了所有的灯光，大家这才发现，在桥和鳄鱼之间还有一层保护网，由于网是黄色的，所以刚才在黄灯下看不清楚。大家现在都不怕了，纷纷说要知道下面有网我们早就过去了，几个人哗啦哗啦就又走过来了。只有一个人不敢走，组织者问他："你怎么回事？"这个人说："我担心网不结实。"

这个试验很好地证明了一个原理：心态对一个人具有巨大的影响力。

狄更斯说："一个健全的心态，比一百种智慧更有力量。"由于心态能左右一个人的一切，所以，无论情况好坏，都要抱着积极的心态，莫让沮丧取代希望。生命可以价值更高，也可以一无是处，关键是看一个人的心态如何。一个人有什么样的心态，便有什么样的人生。请看这样一个故事：

大概是八十年前，福建某贫穷的乡村里，住着兄弟两人。他们不想在这个穷困的环境潦倒一生，便决定离开家乡，到海外去谋发展。大哥好像幸运些，被卖到了富庶的旧金山，弟弟则被卖到比中国更穷困的菲律宾。

四十年后，兄弟俩又幸运地聚在了一起。做哥哥的，当了旧金山的侨领，拥有两个餐馆、两个洗衣店和一间杂货铺，而且子孙满堂。子孙中有些承继衣钵，又有些成为杰出的工程师或电脑工程师等科技专业人才。弟弟呢？居然成了一位享誉世界的银行家，拥有东南亚相当分量的山林、橡胶园和银行。经过几十年的努力，他们都成功了。但为什么兄弟两人在事业上的成就，却有如此的差别呢？

兄弟俩聚在一起，不免谈起分别以后的遭遇。哥哥说，咱们中国人到白人的社会，既然没有什么特别的才干，唯有用一双手给白人煮饭，为他们洗衣服。总之，白人不肯做的工作，咱们华人统统顶上了，生活是没有问题的，但事业却不敢奢望了。例如我的子孙，虽然读了不少书，却不敢存任何妄想，只是安安分分地去做一些中层的技术性工作来谋生。至于要进入上层社会，恐怕很难办到。

了解到弟弟这般成功，做哥哥的不免羡慕起弟弟的幸运。弟弟却说，幸运是没有的，自己初来菲律宾的时候，也无一例外地从事一些所谓低贱的工作，但由于自己一向做事用心，不久便发现当地有些人缺乏进取精神，便着手他们放弃的事业，慢慢地收购和扩张，生意便逐渐做大了。

这是一个真实的故事，它反映了海外华人的奋斗历史，也告诉我们：影响我们人生的绝不仅仅是环境，心态控制了一个人的行动和思想，同时，心态也决定了一个人的视野、事业和成就。

一个人生活在社会中，总要扮演一个或多个社会角色，每个人的角色不同，那么，他就会有自己的特殊心态，也就必然会怀着这种心态对待生活、事业、爱情。心态能影响一个人的方方面面，进而影响到家庭、团队、组织，最后影响到社会。

人的心理态度是决定人生命运的舵手。一位哲人说：“你的心态就是你真正的主人。”一位伟人说：“要么你去驾驭生命，要么是生命驾驭你。你的心态决定谁是坐骑，谁是骑师。”佛家常说：“物随心转，境由心造，烦恼皆由心生。”说的是一个人有什么样的精神状态，就会产生什么样的生活现实。歌德也曾经说过：“人之幸福在于心之幸福。”

人的生活并非只是一种无奈，它是可以由自身主观努力去把握和调控的。人生的方向是由“态度”来决定的，其好坏足以明确我们构筑的人生的优劣。心态的不同必然导致人格和作为的不同，而且会有天壤之别：不良的心态是形成不良性格与不良人生的罪恶根源，而好的心态却能带领我们走向人生的辉煌。

心态是我们命运的控制塔，事实上，它是我们唯一能够完全掌握的东西，我们应建立起正确、积极的人生观、价值观，以积极、健康、乐观的心态对待生活、工作。

6. 好心态是成功的催化剂

1. 开放的心灵

一颗充满固执、偏见、狭隘观念和自我封闭的心，就像是一池死水，将永远失去发展自己的机会；不管他从事什么职业，也不管他曾经取得过多么辉煌的成就，一旦他成了一个固步自封、自以为是的人，他就会因为缺少了智慧的营养而从此走向衰败。一颗开放的心，就像可以容纳百川的大海，将永远生机勃勃。

唐太宗李世民得天下后不久，有一次他对满朝的文武大臣说：“朕自年少之时就喜欢弓箭，这许多年来曾得到十几张好弓，自以为是天下最好的，没有能超过它们的。可最近我将弓拿给一个弓匠看，他却说：‘做弓用的材料都不是好的。’朕问其原因，弓匠说：‘弓的材料的中心部分不直，所以，其脉纹也是斜的，弓力虽强，但箭射出去不走直线。’朕以弓箭平定天下，而对弓箭的性能尚没有完全认识清楚，何况天下事务呢，怎能遍知其理？望你们多多发表自己的意见，纠正朕的错误。”

正因为唐太宗李世民有这样一个开放的心态，所以，他才能明白“兼听则明，偏信则暗”“水能载舟亦能覆舟”的道理。正是他有一个开放的心态，他才能知道：“以铜为鉴，可以正衣冠；以人为鉴，可以知得失；以史为鉴，可以知兴替。”也正是他有一个开放的心态，所以，大唐才成为中国历史上最强盛的帝国之一。

治国如此，其实，这个世界上，做任何事不都要有一颗这样开放的心灵，才能成就辉煌的人生吗？

2. 旷达的心境

大发明家爱迪生靠他的智慧和勤奋，终于为自己建起了一个有着相当规模的工厂，工厂里有着设备相当完善的实验室，这些都是他几十年心血的结晶。

然而不幸的是，一天夜里，他的实验室突然着火，紧接着引燃了贮存化学药品的仓库，随后几乎不到片刻的工夫，整个工厂便陷入了一片火海之中。尽管当时消防队调来了所有的消防车，但依然无法阻止熊熊大火的蔓延。正当众人为爱迪生一辈子的成果将毁于一旦而感伤的时候，爱迪生却吩咐儿子：“快，快把你的母亲叫来！”

儿子不解地问：“火势已不可收拾，就是把全市的人都叫来亦无济于事了，何必还要多此一举呢？”

没想到爱迪生却轻松地说："快让你的母亲来欣赏这百年难得一遇的超级大火！"

妻子赶来了，当她看到爱迪生正以微笑来迎接她时，她有些不解地说："你的一切都将化成灰烬，怎么还能笑得出来？"

爱迪生回答说："不，亲爱的，大火烧掉的是我过去所有的错误！我将在这片土地上建一座更完善、更先进的实验室和工厂。"

这是何其旷达的心境！在灾难面前，爱迪生的心态令人赞赏！其实，为失去的东西悲伤不已是非常愚蠢的行为，你就是为失去的一切毁灭了自己，又有什么用呢？只有那些怀着一份旷达心态的人，才不会戚戚于自己曾经的拥有，而是怀着对未来无限的希望重新开始更加美好的创造。也许我们许多人都曾经为了失去的金钱、工作、地位、爱情等而伤心地啜泣过，但你要相信，在未来的岁月里，一定还会有一份更加美好的礼物在等待着你呢。失去的东西只能成为你人生经历的一部分，只有现在和未来才是你真实的生活。

笑对过去，笑对未来吧！

3. 进取的心态

一位犹太人是这样教育他的儿孙的："任何人来到这个世界上，其生命的潜在价值都是差不多的，关键的问题是，一个人一生怎样让这价值得以开发。比如，

一块最初只值5元钱的生铁吧，铸成马蹄铁后可值10多元；如果制成磁针之类的东西可值3000多元，如果进一步制成手表的发条，其价值就是25万元之多了。人都应该有一颗进取之心，不断地做大自己，不要让自己的一生都是那块只值5元钱的生铁，内心深处要自始至终都抱有展现自己最大价值的梦想！”

艾利弗·波瑞特是美国著名的学者、哈佛大学最出色的教授之一。他16岁的时候，跟着一个铁匠当学徒，整个白天他都得在铁匠铺里工作，晚上才开始点上蜡烛读书学习。他的口袋里始终都装着自己需要读的书，只要有一点空闲就拿出来看。当别的孩子到处闲逛、游手好闲的时候，小艾利弗却正在抓住任何一个机会不断地提高着自己。谁会想到，就是在这样的情况下，他在几年的时间里，居然读了大量的书籍，学会了7个国家的语言。

一个人只要他有一颗进取之心，通过不断地学习，都能提高自己生命的价值。浑浑噩噩地过日子，应该说是一个人生命中最大的悲哀。

积极的、充满阳光的心态，能够不断地改善我们的生活态度，进而改变我们的命运，让我们有一种始终生活在晴朗天空之下的快乐之感，让我们始终拥有一种向上的不可战胜的力量。有了这种心态，即使遇上了会严重影响我们一生的不幸或灾难之事，我们也依然能很快地从这不幸的阴影中走出来。让我们记住这样的几句话：造物主啊，给我勇气，让我去战胜我能够征服的事情；给我耐心，让我接受我不能改变的事情；给我智慧，让我能分辨清这两种事情吧！

7. 走出心灵的误区

不知足、对自己能力高估的心态在社会上是普遍存在的，从积极的意义上讲，这种心态的存在也并非全是坏事，如果人人知足自卑，社会可能就失去了发展的推动力。但是，在这方面我们又绝不能走向另一个极端，那是会危及社会稳定的。既然目前社会上对自己能力高估的人是普遍存在的，那么，就需要做好引导和转换工作，让他们走出心灵的误区。

个人的需求满足是指每个人追求进步的渴望，以及自己设计的人生目标实现的一个过程。个人能力的发挥和个人心态是强相关关系。两者在心态平和区间内是强正相关关系，当心态失衡时两者呈强反相关的关系。

每个人的能力都是客观存在的，而对自我的能力评价和在实际中的自我心理目标定位，与客观能力是有一定差距的，这种心理定位差距对每个人的人生都起着非常重要的作用。人们依据心态的不同，对自己的定位大致有三类：

1. 定位高

处于这一类的人应该最多，因为大多数人都会或多或少地把自己的能力高估。对自己定位高的人，一般情况下，整天处于牢骚满腹的状态，对什么事都不会感到满意，一直到退休也是处于指手画脚的状态。但是，交给他的事大多又办不成，这种人没多大能力却想干超出自己能力的事，到头来一定是一事无成。普遍来讲，如果处在自我高定位的心态下，受教育程度越高，给自己定位越离谱，损失就越大。

2. 定位低

社会上这种人并不多。一般情况下，他们都有所谓的自卑感。自卑感的存在大多是暂时的，如果长久地存在，可能是有心理或生理上的缺陷。

3. 定位适当

最理想的就是这种人。这是最能够发挥个人才能的心态——良好的个人心理定位，但这种人在社会中占的比例不大。

只有给自己一个良好的定位，才能在自己的能力不断发展的过程中，不断提高自身的定位水平。这就需要良好的素养，实际上就是平和的心态。心态平和主要表现在对正确目标的永恒追求。

但生活中不少人都表现出一种懒散的作风和浮躁的心态。这些负面的东西对每个人的成长都是致命的，主要表现为：自我感觉过于良好，给自己定的目标属于幻想型；牢骚多，一切都是别人不对；工作中不精益求精，不考虑为他人创造方便；将个人利益看得过重，总想短期致富；不会做自我批评等等。存有这种心态的人，可能永远都不会成功。

对每一个人来讲，可怕的是给自己定了一个脱离实际的“远大”目标。当你耗尽毕生的精力去追求一个无法达到的目标时，只会相当痛苦。

不要拿一个完美的东西来折腾自己。比如，很多刚从学校毕业的年轻人给自己的定位很高，往往雄心万丈、充满幻想，还容易看不起别人，却往往眼高手低，把事情办砸。他们往往看不到自己的不足，也看不到别人和社会对自己的帮助。在这种心态下，他会认为自己的能力被压抑了，社会处在失衡的状态，他不明白实际上是他自己的心态严重失衡。

我们都知道：一个人的心态可能影响甚至决定自己的命运。但什么会影响心态呢？据专家们的研究发现：一个人的综合素质影响甚至决定他的心态。一个人的综合素质就是一个人的脾气、性格、能力的总和，它对每个人的健康、工作、学习、家庭等各个方面都起着重要的作用。

美国约翰霍普金斯医学院研究所的贝斯和托马斯教授在1948年的时候就做了这样一个试验：他们把45个脾气、性格有比较明显差别的学生，分了三个组，第一个组学生的性格、心态处在谨慎、安静、知足、很平稳的状态；第二组是自觉、积极、开朗、活泼；第三组是情绪易波动、急躁、易怒、不知足。过了三十年，再看这三组人的情况，第三组的这些人，患癌症、心脏病和精神混乱症的占77.3%，另外两个组的一个是25%，一个是26%，这就是说心态平和是身体健康的基础。

要充分地认识到不知足跟个人能力有很大关系：如果是拿破仑，他感到不知足就对了，因为他有能力指挥千军万马；但对一个普通人来说，满足不了自己的愿望就失望，就生气，怨别人，而不在自己的能力和心态上找原因，便是滑稽的事了。实际上，即使就拿破仑而言，如果他永不知足，他也不会感到快乐。谁不知足，谁就不会幸福！即使他是世界的主宰也不例外。因此，我们提倡的心态应该是自信的心态、进取的心态、平和的心态。要保持如此的心态，重要的是经常进行自我塑造，多看自己的不足，多学习别人的优点，提倡个人忧患意识。只有这样，才能不断地发现自身的差距，才能克服怨天尤人的心理，从而迈向成功、幸福、快乐的人生。

8. 如何培养和锻炼积极的心态

积极的心态是人人可以通过锻炼学到的，无论你现在的处境、气质与智力怎样。

拿破仑·希尔说，有些人似乎天生就会运用积极的心态，使之成为成功的原动力，而另一些人则必须通过锻炼才能学会，使用这种动力。事实上每个人都能够通过锻炼，学会发展积极的心态。

但是，怎样培养和锻炼积极的心态呢？专家指出：我们可以从以下几个方面做起。

1. 行为举止像你希望成为的人

许多人总是等到自己有了一种积极的感受再去付诸行动，这些人其实是在本末倒置。积极行动会导致积极思维，而积极思维会导致积极的人生心态。心态是紧跟行动的，如果一个人从一种消极的心态开始，等待着感觉把自己带向行动，那他就永远成不了他想做的积极心态者。

2. 满怀必胜、积极的想法

美国钢铁大王卡耐基曾这么说："一个对自己的内心有完全支配能力的人，对他自己有权获得的任何其他东西也会有支配能力。"当我们开始运用积极的心态并把自己看成成功者时，我们就开始迈向成功了。

3. 用美好的感觉、信心与目标去影响别人

随着你的行动与心态日渐积极，你就会慢慢获得一种人生美满的感觉，信心日增，人生中的目标感也会越来越强烈。紧接着，别人会被你吸引，因为人们总是喜欢跟积极乐观者在一起。

4. 使你遇到的每一个人都感到自己重要

每个人都有一种欲望，即感觉到自己的重要性，以及别人对自己的需要与感激。这是我们普通人的自我意识的核心。如果你能满足别人心中的这一欲望，

他们就会对自己，也对你抱积极的态度。使别人感到自己重要的另一个好处，就是反过来他也会使你感到自己重要。正如美国 19 世纪哲学家兼诗人爱默生说的：“人生最美丽的补偿之一，就是人们真诚地帮助别人之后，同时也帮助了自己。”

5. 凡事心存感恩

在日常生活中，那些持有消极心态的人常常抱怨：父母抱怨孩子们不听话，孩子们抱怨父母不理解他们，男朋友抱怨女朋友不够温柔，女朋友抱怨男朋友不够体贴。在工作中，也常出现领导埋怨下级工作不得力，而下级埋怨上级不够理解自己，不能发挥自己的才能。他们对生活总是怀着抱怨而不是一种感激。拿破仑·希尔认为，如果你常流泪，你就看不见星光。对人生、对大自然的一切美好的东西，我们都要心存感激，如此，人生就会显得美好许多。

6. 学会称赞别人

莎士比亚曾经说过这样一句话：“赞美是照在人心灵上的阳光。没有阳光，我们就不能生长。”心理学家威廉姆·杰尔士也说过这样一话：“人性最深切

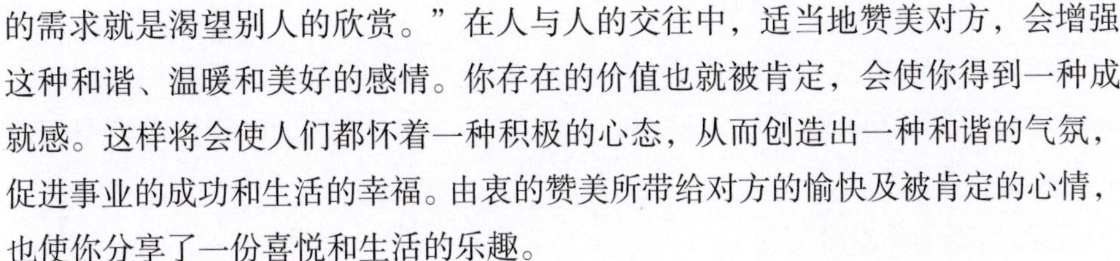

的需求就是渴望别人的欣赏。”在人与人的交往中，适当地赞美对方，会增强这种和谐、温暖和美好的感情。你存在的价值也就被肯定，会使你得到一种成就感。这样将会使人们都怀着一种积极的心态，从而创造出一种和谐的气氛，促进事业的成功和生活的幸福。由衷的赞美所带给对方的愉快及被肯定的心情，也使你分享了一份喜悦和生活的乐趣。

7. 学会微笑

微笑是上帝赐给人的礼物，微笑是一种令人愉悦的表情。面对一个微笑着的人，你会感到他的自信、友好，同时这种自信和友好也会感染你，使你的自信和友好油然而生。如果我们想要发展良好的人际关系，建立积极的心态，那么，我们非要学会微笑不可。

8. 到处寻找最佳的新观念

有积极心态的人时刻在寻找最佳的新观念。这些新观念能增加积极心态者的成功潜力。正如法国作家维克多·雨果说的：“没有任何东西的威力比得上一个适时的主意。”

有些人认为，只有天才才会有好主意。事实上，要找到好主意，靠的是态度，而不仅是能力。一个思想开放、有创造性的人，哪里有好主意，就往哪里去。在寻找的过程中，他不轻易扔掉一个主意，直到他对这个主意可能产生的优缺点都彻底弄清楚为止。据说，世界上最伟大的发明家之一托玛斯·爱迪生的一些杰出的发明，是在思考怎么给一个失败的发明找一个额外用途的情况下诞生的。

9. 放弃对鸡毛蒜皮一类小事的争执

有积极心态的人不把时间和精力浪费在小事情上，因为小事使他们偏离主要目标和重要事项。如果一个人对一件无足轻重的小事情作出反应——小题大做的反应——这种偏离就产生了。以下这些对小事情的荒谬反应值得警惕：

瑞典于 1654 年与波兰开战，原因是瑞典国王发现在一份官方文书中他的名字后面只有两个附加的头衔，而波兰国王的名字后面有三个附加头衔；

有人不小心把一个玻璃杯里的水溅在托莱侯爵的头上，就导致一场英法大战；

一个小男孩向格鲁伊斯公爵投一块鹅卵石，导致瓦西大屠杀和 30 年战争……

虽然我们每个人不大可能因为一点小事而发动一场战争，但我们肯定能因为小事而使自己和周围的人不愉快。要记住，一个人为多大的事情而发怒，他的心胸就有多大。

10. 培养一种奉献精神

曾被派往非洲的医生及传教士阿尔伯特·施惠泽说："人生的目的是服务别人，是表现出助人的激情与意愿。"他意识到，一个积极心态者所能做的最大贡献是给予别人。

前任通用面粉公司董事长哈里·布利斯曾这样忠告属下的推销员："忘掉你的推销任务，一心想着你能带给别人什么服务。"他发现人们一旦思想集中于服务别人，就马上变得更有冲劲，更有力量，更加无法让人拒绝。说到底，谁能抗拒一个尽心尽力帮助自己解决问题的人呢？

布利斯说："我告诉我们的推销员，如果他们每天早晨开始干活时这样想：'我今天要帮助尽可能多的人'，而不是'我今天要推销尽量多的货'，他们就能找到一个跟买家打交道的更容易、更自然、更开放的方法，推销的成绩就会更好。谁尽力帮助他人，谁就会活得更愉快、更潇洒，谁就达到了推销术的最高境界。"

当给予别人成了一种生活方式时，便会慢慢体会到给予所带来的积极结果。

拿破仑·希尔曾讲过关于一个名叫沙都·辛格的人的故事。有一天，辛格和一个旅伴穿越高高的喜马拉雅山脉的某个山口，他们看到一个躺在雪地上的人。辛格想停下来帮助那个人，但他的同伴说："如果我们带上他这个累赘，我们就会丢掉自己的命。"

但辛格不能丢下这个人，让他死在冰天雪地之中。当他的旅伴跟他告别时，辛格把那个人抱起来，放在自己背上。他使尽力气背着这个人往前走。渐渐地，辛格的体温使这个冻僵的身躯温暖起来，那人活过来了。过了不久，两个人并肩前进。当他们赶上那个旅伴时，却发现他死了——是冻死的。

在这个例子中，辛格心甘情愿地把自己的一切——包括生命——给予另外一个人，从而使他自己也保存了生命。而他那无情的旅伴只顾自己，最后却反而因此丢了性命。

11. 永远也不要消极地认为有什么事是不可能的

永远也不要消极地认定有什么事情是不可能实现的，首先你要认为你能行，然后去尝试、再尝试，最后你就会发现你确实能行。

对于变不可能为可能，拿破仑·希尔曾经用过一种奇特方法。

年轻的时候，拿破仑·希尔抱着一个当作家的目标。要达到这个目标，他知道自己必须精于遣词造句，字词将是他的工具。但由于他小时候家里很穷，所接受的教育并不完整，因此，“善意的朋友”就告诉他，说他的目标是“不可能”实现的。

年轻的希尔存钱买了一本最好的、最全面的、最漂亮的字典，他所需要的字都在这本字典里面，他的目标是完全了解和掌握这些字。当时，他做了一件奇特的事，他找到“不可能”（impossible）这个词，用小剪刀把它剪下来，然后丢掉，于是他有了一本没有“不可能”的字典。以后，他把他整个的事业建立在这个前提上，那就是对一个要成长，而且要成长得超过别人的人来说，没有任何事情是不可能的。

我们不建议你从你的字典里把“不可能”这个词剪掉，而是建议你要从你的心中把这个观念铲除掉。谈话中不提它，想法中排除它，态度中去掉它、抛弃它，不再为它提供理由，不再为它寻找借口，把这个字和这个观念永远地抛弃，而用光辉灿烂的“可能”来替代它。

汤姆·邓普西的经历就是将不可能变为可能的一个好例子。

汤姆·邓普西生下来的时候，只有半只脚和一只畸形的右手，可父母从来不让他因为自己的残疾而感到不安，结果是任何男孩能做的事他也能做，如果

童子军团行军 10 里，邓普西也同样走完 10 里。

后来，他要踢橄榄球，他发现，他能把球踢得比在一起玩的男孩子远。

他让别人为他专门设计一只鞋子，穿着它参加了踢球测验，然后得到了冲锋队的一份合约。

但是教练却尽量婉转地告诉他，说他“不具有做职业橄榄球员的条件”，恳请他去试试其他的事业。最后，他申请加入新奥尔良圣徒球队，并且请求给他一次机会。教练虽然心存怀疑，但是看到这个男孩这么自信，对他有了好感，因此就收下了他。

两个星期之后，教练对他的好感更深，因为，他在一次友谊赛中将球踢出 55 码远得分。这种情形使他获得了专为圣徒队踢球的工作，而且在那一季中为他的一队踢得了 99 分。

在一场比赛最后的最伟大的时刻，球场上坐满了 6 万 6 千名球迷。球是在 28 码线上，比赛只剩下了几秒钟，球队把球推进到 45 码线上，但是可以说没有时间了。正在这时，教练大声地说：“邓普西，进场踢球。”

当邓普西跑进球场的时候，他知道球距离得分线有 55 码远，邓普西一脚全力踢在球身上，球笔直地前进。但是踢得够远吗？ 6 万 6 千名球迷屏住气观看，接着终端得分线上的裁判举起了双手，表示得了 3 分，球在球门横杆之上几英寸的地方越过。由此，邓普西一队以 19 比 17 获胜。

球赛结束的时候，球迷疯狂地喊叫着，为踢得最远的一球而兴奋，这是一个只有半只脚和一只畸形的手的球员踢出来的！

“真是难以置信。”有人大声叫，但是邓普西只是微笑。他想起他的父母，他们一直告诉他的是他能做什么，而不是他不能做什么。他之所以创造出这么了不起的纪录，正如他自己说的：“他们从来没有告诉我，我有什么不能做的。”

12. 培养乐观精神

为了培养乐观的精神，就必须说明培养乐观的一些方法。

①改变你的习惯用语。

不要说“我真累坏了”，而要说“忙了一天，现在心情真轻松”；

不要说“他们怎么不想想办法？”而要说“我知道我将怎么办”；

不要在团体中抱怨不休，而要试着去赞扬团体中的某个人；

不要说“为什么偏偏找上我，上帝？”而要说“上帝，考验我吧！”

不要说“这个世界乱七八糟”，而要说“我要先把自己家里弄好”。

②向龙虾学习。

龙虾在某个成长的阶段里，会自行脱掉外面那层具有保护作用的硬壳，因而很容易受到敌人的伤害，但这也使它的适应能力在不断地增长。这种情形将一直持续到它长出新的外壳为止。

生活中的变化是很正常的，每一次发生变化，总会遭遇到陌生及预料不到的意外事件。不要躲起来，使自己变得更懦弱。相反，要敢于去应付危险的状况，对你未曾见过的事物，要培养出信心来。

③从事有益的娱乐与教育活动。

观看介绍自然美景、家庭健康以及文化活动的录像带；挑选电视节目及电影时，要根据它们的质量与价值，而不是注意商业吸引力。

④在思考以及谈话中，应表现出你的健康状况很好。

每天对自己做积极的自言自语，不要老是想象着一些小毛病，像头痛、擦伤、抽筋、扭伤以及一些小外伤等。如果你对这些小毛病太过注意了，它们将会经常来“问候”你。你脑中想些什么，你的身体就会表现出来。曾经有一些父母，比其他人更关心孩子的健康，但他们的孩子反而更容易有健康问题。

⑤在你生活中的每一天里，写信、拜访或打电话给现在需要帮助的某个人。向某人显示你的积极心态，并把你的积极心态传给别人。

13. 经常使用自动提示语

积极心态的自动提示语是不固定的，只要是能激励我们积极思考、积极行动的词语，都可以作为我们的提示语。拿破仑·希尔曾列举一些有重要意义的提示语，如：

人的心神所能构思而确信的，人便能完成它。

如果相信自己能够做到，你就能够做到。

我心里怎样思考，就会怎样去做。

在我生活的每一方面，都一天天变得更好。

现在就做，便能使异想天开的梦变成事实。

不论我以前是什么人，或者现在是什么人，倘使我是凭积极心态行动的，我就能变成我想做的人。

我觉得健康！我觉得快乐！我觉得好得不得了！

经常使用这一类富有自我激励性的语句，并融入自己的身心，就可以帮助我们保持积极心态，抑制消极心态，并形成强大的动力，达到成功的目的。一些重要的激发性的语句还应当经常使用，并牢记于心，让它们成为心神的一部分。用积极心态指导我们的思想，控制感情，决定命运。

第二章　坚定信念　秉持自信

1. 自信：成功的第一秘诀

“依靠自己，相信自己，这是独立个性的一种重要成分。是它帮助那些参加奥林匹克运动会的勇士夺得了桂冠。所有的伟大人物，所有那些在世界历史上留下名声的伟人，都因为这个共同的特征而属于同一个家庭。”米歇尔·雷诺茨曾这样说。

与金钱、势力、出身、亲友相比，自信是更有力量的东西，是人们从事任何事业最可靠的资本。自信能排除各种障碍、克服种种困难，能使事业获得完美的成功。自信者往往都承认自己的魅力和相信自己的能力，总是能够大胆、沉着地处理各种棘手的问题，从外表看去，他们都表现得比较开朗、活泼。

著名发明家爱迪生曾说：“自信是成功的第一秘诀。”阿基米德、居里夫人、伽利略、钱学森等历史上广为人知的科学家，他们之所以能取得成功，首先因为有远大的志向和非凡的自信心。一个人要想事业有成、做生活的强者，首先要敢想。不自信决不敢想，连想都不敢想，当然谈不上什么成功了。著名数学家陈景润，语言表达能力差，教书吃力、不合格，但他发现自己长于科研，于是增添了自信心，致力于数学的研究，后来终于成为著名的数学家。

当然，只是敢想还很不够，目标只停留在口头上，无论如何也是不能实现的。一个自信心很强的人，必定是一个敢于行动的人。他决不会对生活持等待、观望的消极态度，而丧失各种机遇。他会在行动中、实践中展示自己的才华。当然这里说的敢想、敢干，都不是盲目的，更不是主观主义的空想、蛮干。德国精神学专家林德曼用亲身实验证明了这一点。1900 年 7 月，林德曼独自驾着一叶小舟驶进了波涛汹涌的大西洋，他在进行一项历史上从未有过的心理学实验，预备付出的代价是自己的生命。林德曼认为，一个人对自己抱有信心，就能保持精神和肌体的健康。当时，德国举国上下都关注着独木舟横渡大西洋的悲壮冒险，因为在这之前已经有一百多名勇士相继尝试均遭失败，无一人生还。林德曼推断，这些遇难者首先不是从肉体上败下来的，主要是死于精神上的崩溃、恐慌与绝望。为了验证自己的观点，他不顾亲友的反对，亲自进行了实验。在航行中，林德曼遇到了难以想象的困难，多次濒临死亡，他眼前甚至出现了幻觉，运动感觉也处于麻痹状态，有时真有绝望之感。但是只要这个念头一出现，他马上就大声自责："懦夫！你想重蹈覆辙，葬身此地吗？不，我一定能成功！"终于，他胜利渡过了大西洋。

他依靠自己的信心战胜了困难，也证明了自己的观点。很多人失败，都是因为失去了信心，不相信自己能克服眼下的困难，最终失败于绝望之中。

人的一生之中难免有些挫折，要想事业有成，就要敢于面对现实，不怕挫折，不屈不挠，百折不回。只有敢想、敢干、敢于面对现实而不怕挫折的人，才能事业有成，才是真正的强者。司马迁继承父志当太史令，不料正在他着手编写《史记》时，祸从天降，受"李陵之祸"的株连，身受腐刑，但他矢志不渝，忍辱负重，

幽而发愤，经过十多年的艰苦奋斗，终于编成鸿篇巨著——《史记》。然而，事实上有相当数量的人缺乏自信心，缺乏上进的勇气，本来可能有十分的干劲，也只剩下五六分甚至更少了。长此以往，很难振作起来，于是成为一个被自卑感笼罩着的人。这样，不但会延迟进步，甚至可能自暴自弃、破罐破摔，那将是很可怕的。

为什么会出现这种现象呢？这是外因和内因互相作用的结果。从外因说，可能是受到的贬抑性评价太多，缺少成功的机会，处境不良；从内因说，可能是自尊心受损，自信心下降，又缺乏自我调控的能力。比如说，一个孩子在班级中不被重视，在集体中没有表现自己能力的机会，或者在老师、家长面前受到太多的批评、指责，甚至讽刺、挖苦，或者受到某种挫折（如考试成绩差）后没有获得应有的指导和具体帮助，都会伤害自尊，影响自信。而后，其表现不佳又可能招致新的贬抑，由此形成恶性循环。

2. 树立“人生必胜”的自信心

从根本上说，一个人能否获得成功，取决于其是否树立了赢家的积极心态，对自己满怀信心。

想要成为赢家，首先就必须树立赢家的积极心态。所谓赢家的积极心态，

就是一个人要有“人生必胜”的自信心。这是一种难以估价的心灵力量，更是一切伟大成就的奠基石。

毛泽东早在青年时代就豪迈地说：“自信人生二百年，会当击水三千里。”阿基米德也说过：“假如给我一个支点，我就能撬起地球。”居里夫人则说：“我们应该有信心，尤其要有自信力！我们必须相信，我们的天赋是用来做某种事情的，无论付出的代价有多大，这种事情都必须做到。”

正是由于这些人从早年就树立了成为赢家的积极心态，所以他们最终都实现了自己的愿望，真正成为赢家。

如果一个人树立了赢家的心态，那么他就会具备这样一种战无不胜的心理气势——凡是别人能做到的事情，我也一定能够做到；即使别人做不到的事情，我也要全力以赴去做，并且力争最终获得成功。

在20世纪20年代的英、法、美等西方国家，有一句话曾经风行一时，被成千上万的人反复叨念着，那就是法国心理疗法专家埃米尔·库埃说的一句名言：

“日复一日，我必将在各方面干得越来越好。”

当时，人们每天都在规定的时间内重复着这句话；每当头脑中闪现这一想法时，也会重复这句话。他们相信，这样做能够增强头脑的积极意识、调动身体的活力，从而为自己获得事业和生活的成功做好准备。

如果你想改变自己目前不满意的处境，如果你想获得生活的幸福和事业的成功，那么你首先必须做的一件事情，就是改变自己、树立赢家的积极心态。

事实上，只有你认为自己行，你才能充分发挥潜能，取得成功。假如连你自己都不相信自己，否认自己能赢，那么你就会消极颓丧，不求上进，无所事事，更不可能全力以赴，结果你就一定会成为输家，终将一事无成。

赢家的积极心态，是一种积极奋斗的人生态度，更是推动人们走向成功的源泉。

一般而言，虽然促使一个人走向成功的因素很多，但居于这些因素之首的就是成为赢家的积极心态。

如果缺乏积极的态度，不论一个人的能力有多大、知识多么卓越，都无法发挥出来，无异于画饼充饥。

相反地，一个人即使知识、才能有所欠缺，但只要有积极的心态和坚决的意志，那就会从中产生许多意想不到的结果。如同磁铁能够吸引四周的铁粉一样，积极的态度也能帮助你把自己所需要的人都吸引到身边来，改变周围的情势。

一个人实际才能即使有所欠缺，但只要能够树立成为赢家的积极心态，别人见到他在行动中表现得如此积极，也会由衷地给予一些有形或无形的协助，有智慧的人自会拿出智慧，有才能的人就会使出才能，纷纷采取主动的态度与之合作。

这种情况，足以弥补个人所欠缺的才能和知识，使工作得以顺利完成。

3. 如何做出实事求是的自我评估

在每个人的一生中，都充满了各种各样的成功机会。只有抓住这些机会，才能够获得自己想要的成功。

然而，要想抓住成功的机会，有一点至关重要，那就是必须诚实地、正确地对待自己：一方面，要对自己的才能做出实事求是的自我评价；另一方面，要恰如其分地正确估量别人对自己的印象。

诚然，一个人不应该低估自己的能力，否则你永远也看不到自己的全部潜力；但是，你也不能过高地估计自己，否则你将会去承担自己毫无准备、也无法完成的任务。

就实际情况来看，对自己作出诚实、正确的评估的确是十分困难的事情。甚至一个在押的凶犯，也会认为自己的罪行合乎情理，总是想着如何用那些似是而非的理由来为自己辩解，殊不知，这种错误的自我评价正是他锒铛入狱的根源所在。

因此，自我完善的重要一步，就是作出正确的自我评价。

若要作出实事求是的自我评价，就需要有个与之对照的标准。如果你想在企业中获得成功，你就应该选择一个成就卓越的企业家作为比照对象，用他所具有的品质与才能作为自我评价的标准。

通过这种对比，你就可以清醒地认识自己的长处和短处，就知道为了取得成功应该去做些什么。

人体潜能大师安东尼·罗宾认为，在进行自我解剖时，要像和尚坐禅、静修一样，找一个没有人的地方，要离开电话、家庭和可能出现的打扰。如有必要，可以在顶楼、地下室、车库或任何地方躲起来；或者把车开到一个僻静的地方或无人的路边。其实，只要你能集中注意力，在哪里都一样。

当评估结束后，要针对自己存在的问题和隐患采取行动，要进行计划。别想一次就把全部问题都纠正过来，不然你会不知所措、灰心丧气，先解决比较容易的事情，然后你便可以转向较为困难的问题了。

经过实事求是的自我评估之后，你往往就会发现，必须通过艰苦的磨炼，以培养自己所缺乏的品质；需要加强学习，以扩大自己的业务知识；同时，对那些以前未曾接触过的领域，也要在理论上和实践上熟悉起来。

总之，人们在为获取机会而准备的过程中，应该控制好自己的头脑；如果需要，还应该对自己的品质进行彻底的改造。谁能做到这一点，谁就能把握住身边的机会。

4. 坚信“天生我才必有用”

坚强的自信，常常使一些平常人也能够成就神奇的事业，成就那些天分高、能力强但多虑、胆小、没有自信心的人所不敢尝试的事业。

你的成就的大小，往往不会超出你自信心的大小。假如拿破仑没有自信的话，他的军队不会爬过阿尔卑斯山。同样，假如你对自己的能力没有足够的自信，你也不能成就重大的事业。不企求成功、不期待成功而能取得成功，是绝不可能的。成功的先决条件，就是自信。

自信心是比金钱、权势、家世、亲友等更有用的条件，它是人生可靠的资本，能使人努力克服困难，排除障碍，去争取胜利。对于事业的成功，它比什么东西都更有效。

假如我们去研究、分析一些有成就的人的奋斗史，我们可以看到，他们在起步时，一定有充分信任自己能力的坚强自信心。他们的意志，坚定到任何困难险阻都不足以使他们怀疑、恐惧，他们也就能所向无敌了。

我们应该有“天生我材必有用”的自信，明白自己立于世必定有不同于别人的个性和特色，如果我们不能充分发挥并表现自己的个性，这对于世界，对于自己都是一个损失。这种意识，一定可以使我们产生坚定的自信并帮助我们成功。

5. 自信使人赢在人生起跑线上

在相同的环境里成长、生活、学习、工作，从同一条水平线上起步走上人生的旅程，为什么有的人干出了一番事业，而有的人却终生平庸无为？即使是从同一个穷乡僻壤的环境里走出来的年轻人也会有不同的命运；即使是同一个名牌大学毕业的本科生或研究生也会有完全不同的前途；即使是同一个家庭的孪生兄妹也会有不同的性格和作为。

凡此种种，不同的人生之路是从哪里产生区别、开始产生分歧的呢？细说起来，因素众多，但决定性的因素无疑在于一个人的意识是否觉醒，精神是否解放，有无主动的自信意识。

世界著名指挥家小泽征尔在一次欧洲指挥大赛的决赛时，按照评委会给他的乐谱指挥乐队演奏的时候，发觉有不和谐的地方。起初，他以为可能是乐队演奏错了，就停下来重新演奏，但仍然有个地方不和谐、不如意。小泽征尔向评委们提出乐谱有问题。但在场的作曲家和评委会权威人士都郑重说明乐谱没有问题，而是他的错觉，请他找出原因，把乐曲演奏好。当时小泽征尔还不是世界级的指挥家，而只是一个参赛者。但他稍加考虑，面对一批音乐大师和权威人士大吼一声：“不，一定是乐谱错了！”话音刚落，评判台上立刻报以热烈的掌声。

原来这是评委们精心设计的圈套，以此来检验参赛的指挥家们在发现乐谱有错误并遭到权威人士“否定”的情况下，能否坚持自己的正确判断。前两位参赛者虽然也发现了问题，终因趋同权威人士而遭淘汰。小泽征尔却自信坚定，因而摘取了这次世界音乐指挥家大赛的桂冠。

类似的现象在现实生活中并不鲜见，有些人在作出选择和决定后，一遇到领导、专家甚至是同事、朋友提出的不同意见，就会发生动摇，怀疑自己的主意不对头，遂放弃原来的选择与追求，甚至明明发现权威的指示与实际不符，也不敢坚持自己的观点，以致将错就错，随风摇摆。

人的伟大就在于具有主体性和能动性，就在于可以树立自信主动意识，就在于能够自觉地生活，创造性地劳动。这种伟大是任何动物都不具备的，因为只有人才能够改造生存环境，创造各种财富和文明。

动物吃饱了肚子就不想再干什么了。长颈鹿只要看到狮子的腹部下垂，就不会害怕狮子，因为它知道狮子已经吃饱了，不会再去扑食，于是，它就敢于呆在狮子旁边，不用逃跑。然而，人是不会只满足于有吃有穿、仅仅能够活着，也不会满足于已经获取的条件与成就。人的欲望和需要总是不断提高、不断更新，而且，人还有自我实现的需要——达到自己理想的目标，成为自己期望成为的那种人，这就是人的主体性和能动性。成功心理正是基于人的主体性和能动性而构建起来的人生科学，又是为了充分开发人的主体性和能动性，使更多的人变得更加自信和伟大。如果我们听信遗传、教育、环境三种决定论的“决定”，那岂不等于承认“命里注定”是真理，只能听天由命了吗？

6. 全面接受你自己

充满自信、热爱自己是非常重要的——“自爱”是一种“最基本的爱”。下面这则寓言就生动地说明了这个道理：

有一天，一个国王独自到花园里散步，使他万分诧异的是，花园里所有的花草树木都枯萎了，园中一片荒凉。后来国王了解到，橡树由于没有松树那么高大挺拔，因此轻生厌世死了；松树又因自己不能像葡萄那样结许多果子，也死了；葡萄哀叹自己终日匍匐在架上，不能直立，不能像桃树那样开出美丽可爱的花朵，于是也死了；牵牛花也病倒了，因为它叹息自己没有紫丁香那样芬芳；其余的植物也都垂头丧气，没精打采，只有顶细小的心安草在茂盛地生长。

国王问道："小小的心安草啊，别的植物全都枯萎了，为什么你这小草这么勇敢乐观，毫不沮丧呢？"

小草回答说："国王啊，我一点也不灰心失望，因为我知道，如果国王您想要一棵橡树，或者一棵松树、一丛葡萄、一棵桃树、一株牵牛花、一丛紫丁香等等，您就会叫园丁把它们种上，而我知道您希望我的就是要我安心做小小的心安草。"

生活中的许多烦恼都源于我们盲目地和别人攀比，而忘了享受自己的生活。

许多时候，我们感到不满足和失落，仅仅是因为觉得别人比我们幸运！如果我们安心享受自己的生活，不和别人比较，在生活中就会减少许多无谓的烦恼。

记住：我们都是因为爱而被创造、为了爱而被创造的，这种创造是免费而无偿的。要接受赋予我们的东西，首先要接受现实的自己。我们必须学会接受在别人身上发现的东西，也要学会接受在自己身上发现的东西。

全面接受你自己是很重要的，其原因之一便是这可使你更安心地对待自己，更具同情心。一位哲人指出："我坚持我的不完美，它是我生命的真实本质。"

7. 积极地进行自我评价

美国首屈一指的个人成长权威人士博恩·崔西经常这样说："毫不夸张地说，一个有力的、积极的自我形象是成功人生的最合适的准备。"许多美国著名的心理学家都赞同他的这种观点，他们发现，过低的自我评价是许多国家社会问题产生的根源。你对自己的心理认知是你个性的核心，和其他影响你的人生的个别因素比起来，它更能起到决定性的作用。

为什么自我评价这么重要呢？因为你的自我评价决定了你对伴侣的选择，对职业的选择，对朋友的选择；决定了你对自己和周围的人的态度，你发展和学习的空间，你的行动和反应；你对自己的看法深深地影响着你和家庭成员的关系、你和同事的关系。

我们很容易就可以认出贫民区的乞丐、精神病院里的慢性沮丧病患者、不可救药的吸毒者、监狱里的在押犯。这些人明显有着很差的自我评价。但是，在你每天遇到的所有的人中，要想判定出谁具有很强的自信并不是一件容易的事情，而最难做到的事情就是审视自己、了解自己对自己的真正的感受。

为了讲述积极的心态是什么，我们先阐述一下什么不是积极的心态。

博恩·崔西指出，积极自信的心态不是：

（1）唯我独尊。

有人说，“世界上最小的包裹就是以自己为中心的人。”实际上，成为不幸的人的模式中，第一个因素就是只考虑自己。那些只考虑自己和自己所需的人，他们最终会发现，得到的一切都不会给自己带来幸福。对他们来说，他们不可能得到那些对他们的成功至关重要的人的配合。他们的人际关系让人感到灰心与失望。时常感到精神压抑的人就是那些认为自己是世界上最重要的人。以自我为中心的人最极端的表现就是孤独、绝望导致的自杀。任何一个以自我为中心的人，抱持的都是一种拙劣的、消极的心态。

（2）蔑视其他人。

具有强烈的、积极的心态的人不会轻视那些没有他们所具备的优点的人，或者是那些地位、声望不如他们显赫的人。自卑的人的最大的缺点就是他们认为通过诋毁别人可以提升自己。

那么什么是积极自信的心态呢？

博恩·崔西认为，积极自信的心态是：

（1）接受本来的你。

著名喜剧演员菲力普·威尔逊在很大程度上是由于成功地塑造了杰拉尔丁的形象而出名的。杰拉尔丁总是这样说：“你看到什么你就会得到什么！”杰拉尔丁的这段话很滑稽——但这种态度对于一个人的发展来说倒很有益。

完全地、无条件地接受你自己是树立积极、自信心态的第一步。我们所有的人都有自己不特别喜欢的某些特性——但是我们却无法改变。或许，我们认为，自己的鼻子太长，两只眼睛离得太近，个子太高或太矮等等。

难道因为长得不完美你就觉得低人一等？没有谁绝对完美，那么你又为什么力求完美呢？“没有人十全十美……但在许多方面我是优秀的。”一个漂亮的年轻女孩的T恤衫上写着这样的标语。这个标语所表达出来的就是接受本来的你自己的基本思想。要相信你的很多方面也是优秀的。当你把注意力放在你的个性、你的身体、你的资质的优良的方面时，你就拥有了树立积极、自信心态的基础。接受独一无二、令人惊奇的你——然后在此基础上继续发展自己。

（2）对他人持一种友好的、不带成见的态度。

那些有积极自信心态的人认识到把自己和别人相比不是明智的做法。我们应该认识到，上帝创造了独特的你，也同样创造了独特的其他人。当你完全接受了你自己，你就会很容易接受别人了。实际上，那些对自己没有信心的人，总是有一种别人不信任、或者说是厌恶他人的感觉。

（3）乐于承担风险。

我们注意到龙虾为了生长，必须要脱了旧壳，长出新壳。成长和学习的过程中总是伴随着风险。一个人如果想要去发展新的关系，或者是加深现有的关系，都要冒着受到伤害的风险。一份新的工作、一个新的位置、一个新的环境，带给人们幸福和满足的同时，同时也会存在许多危险。但是积极的人乐于为将来的收获付出一些沉重的代价。那些有强烈自信的人认识到：避免犯错误的办法只有一个，那就是什么都不去做——而这恰恰是最大的错误。

（4）自立、自主。

有积极心态的人懂得，自己遇到了挫折、自己有了缺点，不能怪罪别人、环境和社会。他们从自身寻找原因，思考采取什么样的方法才能解决问题、怎样才能使事情出现转机。你不会看到他们只是一味地去怨天尤人。你会发现他们竭尽自己的力量去发现解决问题的方法。他们也会优雅地接受帮助，但是他们考虑得更多的是给予。他们一般不谈论自由问题，因为他们一直得很自由。

8. 培养坚强的信念

心理学家进行过这样一个试验：从一个班级的大学生中挑选一个不招人喜欢的姑娘。教师要求同学改变态度，时时关照她，给予友谊，打心眼里认定她是位漂亮聪慧的姑娘。日复一日，月复一月，一年之后，这位姑娘真的变了，举止妩媚婀娜，姿态动人，与从前相比，判若两人。她逢人便说：她获得了新生。其实，她并没变成另一个人，在她身上展现出的是每一个人都蕴藏着的美，然而这种美只有在我们相信自己，周围的所有人都相信我们、爱护我们的时候才会呈现。

有一个男孩，看样子很机灵，可学习成绩却在中下等。究其原因，他回答说："我就是不如别人，我笨呗！"他姨妈让人给他做了一次智力测验，智商是136，这样的智力，可说是高水平的。他知道了自己原本是不笨的，便有了自信心，学习成绩也节节上升。后来，他随着父亲移居美国，在那儿他的学习成绩在班上也是领先的，16岁时便考入了大学。

一个人从小时候就

应当培养相信自己的习惯。在你还没有迈出第一步的时候，你就应当相信自己能够行走；在你还没会说第一句话的时候，你就应该坚信你终究会讲话；在你还没有开始做你的第一件工作的时候，你就要相信你能够完成很有意义的工作。你相信自己的同时，你也收获了成功。

9. 对要做的事情做好充分的准备

一个名叫德摩斯梯尼的年轻人，由于渴望和雅典的领导人谈话而进入了一直被历史上最著名的演讲者垄断的演讲领域，可是，他的声音细小、支支吾吾的，他的举止战战兢兢的，他的思维一片混乱，而且，他说得结结巴巴的。他的话刚一讲完，人群中就发出嘘声，将他赶下了演讲台。

但德摩斯梯尼并没有因此而一蹶不振。

“我再也不会做事先毫无准备的演讲！”他下定决心，同时他也做着准备。他通过对着爱琴海用尽全力地大声喊叫，来锻炼自己的音量；他站在摇摆的剑下演讲，以锻炼自己的勇气；他在舌根放上鹅卵石练习演讲长达好几个小时，以克服自己口吃的毛病。他为演讲做了各种周密的准备，而别人对他的这种做法很不理解。

等下一次再在集会上讲话时，他完全变成了另外一个人——拥有善辩的言辞、有力的声音、严肃的举止。观众席里发出阵阵赞许的欢呼声。他的话刚一讲完，人群就齐刷刷地站了起来，同时喊道：“让我们一起去和菲利普比试比试！”

是什么使一个说话结巴、声音微弱、胆子又小的年轻人从失败中重新振作起来，并且成为雅典历史上最著名的演讲家？答案只有一个——准备！他深知，第一次演讲的失败是因为自己没有做好充分的准备；他之所以能克服他的自我怀疑和舞台恐惧心理，正是因为他对他要做的事情事先做好了充分的准备。

如果你想最大限度地发挥自己的能力，唯一的途径就是对你想要做的事情做好最充分的准备。只有这样，你才能自信地步入生活的各个领域，同时带着勇气和自豪，去面对你的每一个同事。

只有当你对自己的工作有了初步的了解，掌握了做此工作最基本的技能，才具备了成为一个熟练技工的条件。下面讲的是一个能让别人被她的音乐感动得热泪盈眶的老钢琴大师的故事。

“你多长时间练一次琴？”一个热衷于音乐的年轻的音乐家问。

“每天6次！”这个老人回答。“但是，夫人，”这个年轻人不解地问，“你已经演奏了这么多年，而且你又这么有名……”

“我希望自己成为极优秀的……”这个博学的老人答道。

自信是那些获胜者强于其他的竞争对手的优势，而对自己能力的信任，只能来自事先的充分准备。

10. 让周围的朋友增强你的自信

对自我的认识是最重要的；我们倾向于依赖我们对自身的期望而生存。但是，别人对你的评价对你树立自信有着很大的影响；因为我们也努力地去迎合周围的人对我们的期望。给孩子们讲述他们生活中曾做过的所有的傻事，他们长大以后，也会回忆起这些可笑的经历；对他们抱以成就伟大事业的期望，他们也会乐于向这个目标努力。

你是否注意到有人在削弱你的自信，使你陷入对自己能力的怀疑中去呢？但是，你却从那些鼓励你树立自信的人那里汲取力量。有时，你会惊奇地发现，你周围那些削弱你的自信的人并不是真正伟大的人；相反，他们通常是那些心胸狭窄、终日只知抱怨的人。通常，那些有理由贬低你的能力的人，也是最有可能鼓励你去尝试的人。例如，我的一个很幽默的朋友，有一次对我说：“我的朋友都不相信我能成为一个有名的演说家，于是，我极力地朝这个目标努力，结果，我终于成功了。同时，我也重新结交了一些新朋友。”

历史上一些巨大成功就是借由爱人或者是可信任的朋友的一句鼓励的话语、一个支持的举动而取得的。如果没有自信的妻子索菲娅，我们就不会在名人文献中找到纳撒尼尔·霍桑的名字了——当纳撒尼尔·霍桑绝望地回到家里，告诉他的妻子他在海关的工作丢了，并且认为自己是一个失败者的时候，他的妻子兴奋的惊叹使他感到很吃惊。

她带着成功的喜悦说道："你现在有时间写你自己的书了！"

"是的，"他重新振作起来回答，"但，我写书时咱们依靠什么生活？"

令他更惊愕的是，妻子打开抽屉从里面拿出了一大笔钱。

"你到底从哪儿拿来了这么多钱？"他大声问。

"我一直以来都坚信你是一个有天赋的男人。"她说，"我也知道总有一天你会写出一本名著。于是每星期，我就从你给我贴补家用的钱中拿出一部分积攒下来。我已经攒了一些钱，这些钱足够我们整整一年的开销。"

她的希望和信任成就了美国文学中最著名的小说《红字》。

要加强和那些有助于你树立自信、对你抱有殷切期望的人和激励你完成你所能做的事的人的交往。有时，你会在一些名著中发现这样的人。美国前总统约翰·肯尼迪经常研究历史上的伟人事迹，同时他也模仿这些人，用这些伟人的领导能力和习惯，作为自己生活的榜样。

树立自信是每个人都能获胜的罕见的游戏。换句话说，你也能通过鼓励别人树立自信，或鼓舞他们发挥他们真正的潜力，来树立自己的自信心；你会在和他人相互鼓励和彼此支持之间树立起更强烈的自信。

11. 决不要随意贬低自己

生活中不少人总是爱贬低自己，他们似乎很乐意暗示自己是一个渺小的人、一个毫无价值的人，觉得自己与别人相比简直就如一根稻草一样无用，因而做起事来也显得无精打采、毫无斗志。这些人往往就垮在了自己身上存在的缺点和毛病上，因为自我贬低无异于降价处理自己！如果你认为自己满身缺点和毛病；如果你自认为是一个笨拙的人，是一个总是面临不幸的人；如果你承认你绝不可能取得其他人所能取得的成就，那么，你只会因为自我贬低而失败。

如果你总是显出一副狡黠的神色，就好像你捡了他人丢失的东西一样，那么，你将会被人们视作小人。的确，其他人对我们的评价与我们自身的状况、成就有很大的关系，而我们不可能摆脱这种关系。因而，一个独立自主的人，从不降价处理自己。

自我贬低是最具破坏力的。有这样一位公司负责人，他身为董事长，却总是蹑手蹑脚地走进董事会议室，就好像是一个无足轻重的人，就好像他完全不胜任董事长的职位。作为董事长的他竟然还感到奇怪，自己为什么只是董事会中一个无足轻重的人，自己为什么在董事会其他成员中的威信这么低，自己为什么很少受人尊重。

他没有意识到自己应该好好反思一段时间。如果他给自己全身都贴满"降价"的标签，如果他像一个无足轻重的人那样立身、行事、处世，如果他给人的印象是他并不了解自己、相信自己，那他怎么能希望其他人好好地对待自己呢？

如果我们对自己的前途有更清醒的认识，如果我们对自己有更大的信心，那么，我们将取得更丰硕的成果。只要我们能更好地了解我们身上的潜力和高贵的一面，那么，我们将会对自己充满更大的信心。由于我们总是往坏的方面、差的方面想，因此，我们总是认为自己渺小、无能和卑劣。如果我们想达到高贵杰出的境界，那么我们应该向上看，应该多想想我们好的、崇高的一面。

自我贬低的不良习惯对一个人成功个性的培养极具腐蚀作用，它会打击人的自信心，扼杀人的独立精神，使人看起来就像没有长脊椎骨一样，整天萎靡不振，找不到生活的支柱。

自我贬低也会使人失去审美能力，感受不到和谐生活的美。真正的绅士可以从容不迫地应付生活，不卑不亢地面对一切。但有些人似乎天生就有一种自我轻视的习惯，他们躲躲闪闪，不敢正视生活，不管去哪里，总是坐到最后一排，或者想尽办法逃离人们的视线。在人的个性中，确实存在着这种令人鄙视的弱点。人们喜欢那些勇敢的人，他们昂首行走在人群中，精神自由，思想独立，过自己想过的生活。

如果我们以征服者的心态对待人生，我们会留给人们这样的印象，即我们相信自己将来会有所成就，而且这种信心是坚强有力的，是充满必胜信念的；如果我们以屈服者的心态面对人生，我们就会以悔恨、自我贬损和逃避他人的心态出现在世人面前。这两种不同的心态造成了世界上人与人之间的差别。

爱默生说："如果一个人不自欺，他也不会被别人所欺骗。"拥有坚定和自信的个性，就不会自欺欺人。总是能对自我和生活做出积极的、实事求是的评价，就可以不断塑造自己的品格。在生活中，永远不要无端地低估自己，鄙视自己。

应该牢记，自我轻视的态度从来不会造就出一个真正的男子汉，现在不会，将来也不会。当然，建立在渊博的知识、精明强干的能力和诚实守信基础上的自信，与建立在自我吹嘘、盲目乐观基础上的自高自大，有着天壤之别。自信可以使我们竭尽全力、有条不紊地做自己的事，而自高自大则令人讨厌，最后一事无成。一个人能自我尊重，对自己的个性做出积极的评价，可以为生活保驾护航，不仅可以有效地纠正不良倾向，也可以在人生之路上避免错误的选择，避免失败。一个充满自信、注重自我尊严的人是不会自甘堕落的，与人交往时也不会使用下三滥的手法，更不会屈尊忍辱。

12. 正确对待你的错误和失败

你避免犯错误的途径可能就是你将要犯下的最大的错误——什么也不去做。某些错误确实有可能带来严重的结果，有时，甚至会错失轻易解决问题的良机。

然而，如果没有这些严重的失败、不幸或错误，就不会有由此炼就的任何美好的事物的出现。

明智的人总是想从失败和错误中领略出一些有价值的东西。失败的人却从未从经历和遇到的困难中学到任何东西。

“我已经在这呆了20年了。”一个在晋职中没有被提拔的人抱怨说，“我比你刚刚提拔的人多20年的工作经验。”

“不，查理，”他的老板说，“你只不过把一年的工作经验重复了20年而已。你没有从你犯的错误中汲取过任何教训，你仍然重复着你刚上班时犯的错误。”

这是一个多么让人悲哀的故事！即使一个错误看上去无足轻重，也不要在没从中学到任何东西时就放过它。

“我们白白浪费了这么多时间！”一个年轻的助手对爱迪生喊道，“我们已经做了两万次实验，但至今也没有发现可以用来做灯丝的材料！”

“哦！”这个天才答道，“但是我们至少已经知道，有两万种材料不适合做灯丝！”

这种不屈不挠的精神，最终使爱迪生发明了能发光的灯丝，从而推动了历史的进程。

树立自信的一个重要步骤，就是学会正确对待你的错误和失败。关键在于不能一时没有成功就失去安全感，而是要进行更深层次的思考。将失败和错误与你的长远目标、你生活中最基本的目标，和你与生俱来的、作为一个人最根本的价值观进行对比，而不是和它们一时的结果进行对比，你就能树立并保持你的自信。没有任何错误可以埋没你作为一个人本身具备的价值。

大多数错误只不过是让你在完成你生命中的目标过程中稍稍停留下来。错误很少是致命性的，大多数情况下，一个人对错误表现出来的不正确的态度，才是致命性的，或者说是有极大的破坏作用的。一个从失败和教训中重新振奋的人，就能更好地为未来做充分的准备，这不仅能挽回他的自信，而且会更加坚定他的自信。

第三章 克服困难 战胜自卑

1. 建立战胜自卑的信心

尽管苏格兰哲学家卡莱尔曾说过："自卑和自我怀疑是人类最难征服的弱点。"但自卑并非不可消除，也并不可怕。

实际上大多数人都会自卑，只是程度不同而已。具有良好心理素质的人对自卑具有极强的自控能力，他们的成功都是建立在自信基础上的。成功者的成功之处正是在于能够克服自卑、超越自卑。一个人只要相信自己行，就一定能行，因为自信能使你充分发挥自己的潜能，想方设法达到自己的目的。

这就是说消除自卑感，并不是让我们完全去掉自卑，而是让我们不要被自卑所压倒，建立起战胜自卑的自信心。

有这样一个故事：

有一位纽约商人看到一个衣衫褴褛的铅笔推销员，顿生一股怜悯之情，他把一元钱丢进卖铅笔人的怀中就走开了，但他又忽然觉得这样做不妥，就连忙返回，从卖铅笔的人那里取出几支铅笔，并抱歉地解释说，自己忘记取笔了，希望不要介意。最后他说："你跟我都是商人，你有东西要卖，而且上面有标价。"几个月后，在一个社交场合，一位穿着整齐的推销商迎上这位纽约商人，并自我介绍："你可能已经忘记了我，我也不知道你的名字，但我永远忘不了你。你就是那个重新给了我自尊的人，我一直觉得自己是个推销铅笔的乞丐，直到你走来并告诉我，我是一个商人为止。”

这个故事告诉我们，一个人意识到自己的自尊和价值的重要性，并且充分相信自己以后，才会有决心去摆脱磨难，去证明自己绝不是一个弱者。

当我们说自卑是一种缺陷的时候，主要是针对自卑心理中不良的一面、不健康的一面，这个方面就是自贱。实际上，在人际交往中，自卑者比起那些狂妄自大、咄咄逼人者来说要讨人喜欢得多，因为他们往往比较谦虚，善于体谅人，少与人争名夺利，安分、随和，为人处世小心谨慎，稳妥细致，一般人都比较相信他们，并乐于与之相处。因此，一个自卑的人，如果他的自卑是先天性的，是气质的一部分，是无可更改的，那么索性就不改算了，因为，他的那种自卑，是完全可以发挥成自谦的。这样成功的例子是有很多的——一个西安来的歌手，本来是一个很自卑的人，但他不仅在歌坛立住了足，并且还有了不小的名气，甚至一度名扬全国。

他之所以能取得成功，就是因为他把自己自卑心理中良好的一面——自谦，好好地把握住了。自谦使他赢得了一个大牌制作人的赏识，再加上他的确有一首好歌，于是一经包装，就走红了。

所以，一个自卑的人，不要因为自己的自卑而再度自卑。一旦发现自己的自卑对自己已构成了不利的影响，最好冷静下来，好好地分析一下，自己的自卑是属于哪一种，如果是由于自我认识不足而导致的，或是由于意外挫折而导致的，那么应该提醒自己，这样的自卑，是完全可以消除的。而如果是从小就产生的，甚至是先天性的，那么，就不要刻意去消除，而是要合理地利用它，索性反过来变“废”为“宝”，把这种心理中良好的一面发挥出来，使它成为自己成功道路上的助力，而不是绊脚石。

其实强者也不是没有消沉和失望的时刻，只是他不会以毁灭自己来结束痛苦，或以自贱来自我放弃，而是在挣扎拼搏中获得新生。挫折和坎坷总是布满人生的历程，它们考验着人们的意志，会把弱者摔得一蹶不振，也会把强者送上理想的顶峰。

2. 别让自卑夺取自己的斗志

这世上信心不足的人数和营养不良的人数一样地多。信心不足这种“疾病”会使人把自己约束在昨日的生活模式之中，而不敢轻易尝试突破现状的努力，过着没有明天、没有希望的日子。营养不良，会使人身体无法正常发育；同样地，信心不足会使人的能力无法得到充分发挥。

不同的是，营养不良有药可医，信心不足必须靠自身努力来医治，只有靠自己培养对自己能力的肯定与信赖，并以此来增强信心。

若想在人生中早一点获得成就，自信是必要条件。

自卑是可以理解的，然而却是不健康的，它是人自尊和自爱、自励、自信的对立面。自卑不利于人的振作，是人冲出逆境的绊脚石，甚至可以说，自卑的情绪就像一剂慢性毒药，侵蚀你的勇气和力量。自卑发展下去，将使人失去一切。历史的列车从不因弱者的呼叫而停留。如果你还想有所作为的话，那你就必须扔掉自卑的抹泪布。

苏格拉底曾说“认识你自己”，从此以后，有志者均体验过认识自己是如何困难，但也有人批判过这句话。法国作家西特说：“这一句格言是有害的，同时也非常丑恶。注视了自己会阻止了自己的发展。力求认识自己的毛毛虫，永久无法变成蝴蝶。”他的批评也有道理。有时自我意识的过剩会使人被无法忍受的孤独占据。仔细地分析自己，以异常的洁癖分析自己，无法算出的尽力去算出来，由此慢慢地引发了热情，但最终到达的却是虚无的深渊。但凝视自己不一定会产生自我意识的过剩，如果能从自己的性格、能力方面来分析自己，有什么优点，有什么缺点，并能“诚实”地带着勇气反省一下，事情就能解决了。

一个人光有发达的四肢、健壮的肌体，并不算是一个完全健康的人。在一个发育良好的肌体内，必须同时具有一种正常而良好的心理，这才是我们获得幸福、取得成功的前提。我们每个人都可能遭受情场失意、官场失位、商场失利等方面的打击；我们每个人都会经受幸福时的欢畅、顺利时的激动、委屈时的苦闷、挫折时的悲观、选择时的彷徨，这就是人生。人生就是一碗酸、甜、苦、辣、咸五味俱全的汤，每种滋味你都可能品尝。

人生的幸福美满其实是人的一种感觉，一种心情。外部世界是一回事，我们的内心又是一种境界。一个人是欢欣鼓舞、兴高采烈，还是孤独苦闷、垂头丧气，这主要由我们的心理、态度来支配。事物本身只能影响我们的态度，并不能直接影响我们的心情。

当年，法国大文豪维克多·雨果被当权者驱逐出境，同时又病魔缠身的时候，他流落到英吉利海峡的泽西岛上，每天都久久地坐在能够俯瞰海港的一张长椅上，凝视落日，陷入冥思苦想之中。然后，他总是缓缓但却坚定地站起来，在地上捡起石头，一块块地掷向大海。掷完了，就带着满足的心情和变得开朗的神情离去。

他天天如此，终于引起了人们的注意。一天，一个大胆的孩子走上前来问他："为什么你要跑来这里，向海里投这么多的石头？"雨果沉默了一会儿，然后严肃地说："孩子，我扔到海里的不是石头，我扔掉的是'自卑'。"他终于没有让那无益的自卑夺去自己的斗志，而是用自信战胜了它，他因而也战胜了逆境，成就了自己的事业。

对于个人，有坚强的自信，往往可以使得平庸的人能够成就神奇的事业，成就那些虽然天分高、能力强却又疑虑与胆小的人所不敢尝试的事业。

你的成就之大小，永远不会超出你的自信心的大小。拿破仑的军队决不会爬过阿尔卑斯山，假使拿破仑以为此事太难的话。同样，假使你对于自己的能力存在严重的怀疑，你一生中就决不能成就重大的事业。

不热烈、坚强地企盼成功而能取得成功的，天下绝无此理。成功的先决条件就是自信。

河流是永远不会高出于其源头的。人生事业之成功，亦必有其源头，而这个源头，就是梦想与自信。不管你的天赋怎样高、能力怎样大、教育程度怎样深，你的事业上的成就，总不会高过你的自信。"他能行，是因为首先他认为自己能行；他不行，是因为他认为自己不行。"

一个人能够给予自己很高的自信心，那么他在做事时，其“气”必所向披靡，刚刚开始，即已可得一半的胜利、操一半的胜算了。一切自卑自抑的障碍，在这种自信坚强的人的前面，是完全不存在的。

假使我们去研究、分析一般“自造机会”的人们的伟大成就，就一定可以看出，他们在奋斗时，一定是先有一个充分信任自己能力的坚定心理。他们的心情、志趣，坚强到可以踢开一切可能阻挠自己的东西，使得他们能勇往直前。

“假使我们把自己视为泥块，”科雷利说，“则我们将真的成为被人践踏的泥块。”

假使你在行止之间，都认为自己卑微渺小，处处表明你不信任你自己、不尊重你自己，那么就不能怪别人不信任你、不尊重你了。

在现实生活中，通常会出现这种情形：

有时候你还没有准备好目不转睛地盯着对方的双眼、告诉大家你是这一行的高手、对各种情况了如指掌时就会有人将你一脚踹出，叫你卷起铺盖回家了。还有，如果你不能鼓足力量、放开胆量大声说话，不能死缠硬磨、吸引周围的注意力表达自己的想法，那么，机遇就会从你身边溜走，与你失之交臂。

通常人是在不情愿中认识到自我推销的重要性及其价值的。你是否愿意当讲师和顾问，或做治疗师、美发师、大公司首席执行官，这些都无所谓。反正结论是，人们喜欢与充满自信，甚至带有几分自负的人做生意。就像拳王阿里说的那样——“我是最伟大的。”早在 1964 年，阿里和克雷都曾说过，“还有比我更优秀的斗士吗？还有像我这样的人吗？”那么，在你照镜子的时候，自我感觉如何呢？会对自己说些什么？你要用怎样的说服力向全世界推销你自己呢？

在现实生活中，人们经常目睹这样的一个现象：由于缺乏自信，对自己的产品或服务要价太低，要不就是到了非涨价不可的时候，还拖拖拉拉好半天；不少艺术家、作家、手工业者、顾问、医生等各种专业人士，对自己的专业满怀自信，但碰上决定价格，要病人、顾问、客户付款时，却变成十足的胆小鬼。越来越多的人对开口要钱这一点越来越感到为难，比其他任何方面都难。

在美国，有一位做特殊专业服务的客户，在别人的鼓励下，把费用从每天的 500 美元提高到每天的 2500 美元。这彻底地违背了他的意愿，但他还是满怀恐惧地照办了，向客户和同行宣布了他的新的收费标准。结果，他只失去了寥寥几个客户，但却拉到了更棒的新客户。虽然他遭到一些人的抱怨，但是却有更多的客户毫无怨言地与他继续合作。甚至还有人问他，为什么拖到现在才把费用调整到合理的价格。

从过去到现在，许多人都与他的想法相类似。这种觉得自己要向客户收取一笔费用的恐惧心理，比比皆是。

还有一大堆关于"给予"的说法。许多人喜欢谈论关于"给予"的知识、时间、服务等，然后相信这种给予会有所回报。而有些人，则赞成把你自己和你的钱"给予"值得帮助的人，或是社区的机关团体。这是十分值得做的慈善行为，精神上也会觉得充实，甚至还有钱可赚。不是为私人获利的慈善捐款，最终会把利息还给捐献者。然而在商业圈中，这种"奉献的态度"最终往往是好心没有好报。

在商业中，你必须尽可能地保护自己的构想、信息和利益，对你的知识和才能，要获得全额、最高的报酬。你要求别人尊重你，别人才会尊重你。

当然，你要竭尽全力做得比顾客期望的还要好。你也必须在每个适当的时机，要求雇员好好表现，追求进步。但说到底，这不过是你精打细算的投资，而不是给予。不要把这两件事混在一起。

无论如何，你绝不要因为自己的自卑而把你的知识、才能及时间等拱手送给他人。

3. 改变对自己的消极看法

《爱的能力》一书的作者艾伦·弗罗姆喜欢强调"爱自己"。你可能患有一种社会性的"疾病"，一种并非打一针就好的疾病。你很可能沾染上自我轻视的病毒，唯一的治疗方法便是大剂量地服用"自爱药丸"。但是，像社会中许多其他人一样，你可能从小到大一直认为爱自己是不对的。社会告诉我们为他人着想，似乎大家都忘记了"爱自己"。

从孩童时代起，别人就告诉你，爱你自己——尽管当时这对你是十分自然的——无异于自私和骄傲。你学会先人后己、多想别人，因为这样才显示出你是个“好”人。你学会自我埋没，并且常常受到“把你的东西分给妹妹”之类的教育，至于这些东西是你的宝贝还是珍爱的玩具，那都是无关紧要的。尽管妈妈或爸爸未必与他人分享他们大人的东西。你甚至会被告诫：你应当“坐在那儿别出声”，或者“你应该守规矩”。

儿童们自然认为自己是美丽的和重要的，但等他们到了十几岁，社会教育便在他们的思想中扎了根，开始持自我否定态度，并随着岁月流逝而越来越甚。毕竟，你不能总是爱你自己，否则，别人会怎么看你！

当然，这些社会信息的微妙暗示本身并不带有恶意，但它们的确束缚了个人意识。从父母、兄弟姐妹、学校和朋友那儿，儿童们学会了这些冠冕堂皇的社会礼节——成年人之间所特有的社会礼节。除非为了取悦于大人，儿童们相互之间从不理会这些礼节。看看这些礼节吧：大人进来时要站起来；离开饭桌前要征得大人同意；容忍别人没完没了地拧脸蛋、拍头顶……其中的信息很明显：大人是重要的，小孩不算什么；别人是重要的，你自己是微不足道的。这样，首先产生的后果是“不要相信你自己的判断”，尔后便是随“礼貌”而来的许许多多的后果。这些所谓“礼貌”的清规戒律是你根据别人的评价来确定自我意识、降低自我价值的根源之一。

缺乏自信常常是性格软弱和事业不能成功的主要原因。

有一个美国医生，他以善做面部整形手术驰名遐迩。他创造了许多奇迹，经整形把许多丑陋的人变成漂亮的人。他发现，某些接受手术的人，虽然为他们做的整形手术很成功，但仍找他抱怨，说他们在手术后还是不漂亮，说手术没什么成效，他们自感面貌依旧。

于是，医生悟到这样一条道理：美与丑，并不在于一个人的本来面貌如何，而在于他是如何看待自己的。

如果一个人自以为是美的，他真的就会变美，如果他心里总是嘀咕自己一定是个丑八怪，他果真就会变成尖嘴猴腮，生出一脸丑相。

一个人如自惭形秽，那他就不会变成一个美人。同样，如果他不觉得自己聪明，那他就成不了聪明人；他不觉得自己心地善良——即使在心底隐隐地有此种感觉，那他也成不了善良的人。

许多人以为，信心的有无是天生的、不变的。其实并非如此。童年时代受人喜爱的孩子，从小就感觉到自己是善良、聪明的，因此才获得别人的喜爱。于是他就尽力使自己的行为名副其实，使自己成为自信的那样的人。而那些不得宠的孩子呢？人们总是训斥他们："你是笨蛋、窝囊废、懒鬼，是个游手好闲的东西！"于是他们就真的养成了这些恶劣的品质，因为人的品行基本上是取决于自信的。我们每个人心目中都有各自为人的标准，我们常常把自己的行为同这个标准进行对照，并据此去指导自己的行动。因之，我们要使某个人变好，就应对他少加斥责，要帮助他提高自信力，修正他心目中的做人标准。如果我们想进行自我改造，进行某方面的修养，我们就应该首先改变对自己的看法。不然，我们自我改造的全部努力便会落空。

4. 认清自我是最重要的

人生最大的难题莫过于知道你自己！许多人谈论某位企业家、某位世界冠军、某位著名电影明星时，总是赞不绝口，可是一想到自己，便一声长叹："我不是成才的料！"他们认为自己没有出息，不会有出人头地的机会，理由是"生来比别人笨""没有高文凭""没有好的运气""缺乏可依赖的社会关系""没有资金"等等，而要获得成功就必须要正确认识自己，坚信"天生我才必有用"。

严重的自卑感能扼杀一个人的聪明才智，另外，它还可以形成恶性循环：由于自卑感严重，不敢干或者干起来缩手缩脚、没有魄力，这样就显得无所作为或作为不大；旁人会因此说你无能，旁人的鄙视又会加重你的自卑感。因此必须一开始就打断它，丢掉自己身上那无聊的自卑感，先大胆干起来。

谦虚是一种美德，但是缺点往往是优点过分的延伸，过于谦虚，或者由于自卑而谦虚，都是不应该的。几乎每一个科学家都是非常自信的人。自信，可以使你精神振奋、勇于进攻、战胜困难。所以，必须积极寻找自我解脱之路，走出自卑的心理误区。

有人说："把自己太看高了，便不能长进；把自己太看低了，便不能振兴。"美国一位心理学家认为：多数情绪低落、不能适应环境者，皆因无自知之明。他们自恨福浅，又处处要和别人相比，总是梦想如果能有别人的机缘，便将如何如何。其实，只要能客观地认识自己，就能走出情绪的低谷。

对于失败者来说，他们往往把周围环境当中每件美中不足的事情放在心上，对周围事情的指责和消极的念头捆住了他们的手脚，使他们很难再去体验其中的欢乐。他们认为一切事情都会糟下去，而且不自觉地促使自己造成不愉快的局面，使他们的预言成真。

失败者常常由于似乎难以解决的难题而挫伤情绪，失去活力，陷于失望，无所作为。在遇到麻烦和苦恼的时候，他们往往把精力用在责怪、牢骚和抱怨上。

失败者常会说许多带"不"字的话，例如"不能如何、不要如何、不应该如何"等等。他们最常用的形容词是"糟糕、讨厌、可怕和自私"。他们没完没了地指责别人"为什么不如何""怎么没有如何"。而成功者往往不断地为自己四周的美好事物和自然的奇迹感到欢愉，他们对于鲜花含苞待放、雨后空气清新之类的小事也会倍加欣赏喜爱。

每个人都有各自的优点和缺点，我们所需要认真对待的就是仔细地清算一下自己的优点，确定自己的长处。在这个世界上不存在什么样样都能干的通才，通常所说的通才更多的是指基本素质。每个人注定只能在自己特长方面有所建树，成为无所不能的完人既不可能，也没必要。因此，与其费尽心机地去改变自己的短处，不如尽力地发挥自己的长处。

人生有限，短处永远弥补不完。松下幸之助曾说，人生成功的诀窍在于经营自己的个性长处，经营长处能使自己的人生增值，经营自己的短处必将使自己的人生贬值。印度《五卷书》上说："最难的是自知，知道自己什么能做，什么又不能；谁要是有这样的自知之明，他就绝对不会陷入困境。"

一旦我们能选准适合自己个性特点的工作或事业，我们将能乐在其中，不

知老之将至，成功便是一个快乐的过程。我们常说痛苦，事实上，痛苦就是干自己不愿干而又不得不干的事。一个醉心于绘画的人，决不会把每天绘画的工作看做是痛苦的事。反之，一个对绘画毫无兴趣也无特长的人，每次走向绘画工作台，无疑像是奔赴刑场一样。当然，我们并非是鼓吹兴趣主义。光凭兴趣，是无法完成一项事业，虽然任何一项事业的奋斗总是带着三分的乐意。

任何事物都有好坏两方面，个性也是如此，每个人都有其自身的优点和缺点。优点固然值得珍惜与发挥，但缺点也不是可憎与可恼的。事实上，缺点往往还能刺激人生不断地追求进步，成为你拥有的某种“财产”。

也许你会说，这是“阿Q精神”，缺点就是缺点，怎么能变成财富呢？读读下面这个小寓言，你会对此有所认识的。

某一天，一个农夫正弯着腰在院子里清除杂草，因为天气炎热，他不一会儿便热得汗流浃背。“可恶的杂草，假如没有你们，我的院子一定很漂亮，神为什么要造这些讨厌的杂草来破坏我的院子呢？”农夫嘀咕着。

有一棵刚被拔起的小草正躺在院子里，它回答农夫说：“你说我们可恶，也许你从没想到，我们也是很有用的，现在，请你听我说一句吧——我们把根伸进土中，等于在耕耘泥土，当你把我们拔掉时，泥土就已经是翻过了。此外，下雨时，我们防止泥土被雨水冲走；干涸时，我们能阻止强风刮起沙尘——我们是替你守卫院子的卫兵。如果没有我们，你根本就不可能享受种花、赏花的乐趣，因为雨水会冲走你的泥土，狂风会吹散你的泥土……所以，希望你在看到花儿盛开之时，能够想起我们的一些好处。”农夫听了这些话后，不禁肃然起敬，他擦了擦额头上的汗珠，微笑着继续拔起草来。

当然，发掘缺点中的优点不容易，但你自己必须有信心，谁都帮不你，一切全靠你自己。下面这个真实的故事也许能帮助你确信这一点：

100 多年前，美国费城的一位叫康惠尔的牧师，决定为贫穷付不起学费却有志于学习的年轻人筹办一所大学。当时，建一所大学约需 150 万美元。于是他便开始四处奔走，为建大学募捐。但经过 4 年的奔波辛劳，筹募的钱还不足 1000 美元。康惠尔对此深感沮丧，天天愁眉不展，心想，这样下去要到猴年马月才能建成梦想中的大学？

一天，当他为写演讲辞走向教堂时，低头沉思的他发现教堂周围的草枯黄得东倒西歪，在寒风中瑟瑟发抖，一片衰败不堪的景象。触景生情，这不正如自己的创业状况吗？康惠尔不由得问园丁：“为什么这里的草长得不如别的教堂中的草呢？”园丁回答道：“我想主要因为你把这些草和别的草相比较的缘故。我们常常看到别人的草地，希望别人美丽的草地就是我们自己的，却很少去关注、整治自家的草地。”

康惠尔先是一愣，后是恍然大悟。他奔跑着走进教堂，激动地写演讲辞。他这样写道：“我们大家往往是让时间在等待观望中白白流逝，却没有努力工作使事情朝我们希望的方向发展。”他在演讲中讲了一个农夫的故事：有个农夫拥有一块土地，生活不错，但是他渴望得到一块钻石，于是他卖掉土地离家出走，到遥远的地方四处寻找钻石，然而最后一无所获，这位农夫于是很失望。最后，他一贫如洗，自杀身亡。很自然，这块土地转让给了另外一个农夫。真是无巧不成书！那个买下这块土地的人在散步时，无意中捡到一块金光闪闪的钻石。这样，在这块土地上，新主人发现了最大的钻石宝藏。

这个故事告诉我们，财富只属于自己去挖掘的人；只属于依靠自己去开拓的人；只属于相信自己能力的人。同样，成功也只属于相信自己潜能的人，属于正确开发自身潜能的人。

康惠尔连续作了7年这个“钻石宝藏”的演讲，赚得800万美元，大大超出了建一所大学所需的费用。今天，这所大学就是屹立在美国宾州费城的著名学府——坦普尔大学。

这个故事很朴素，却有很深奥的生活哲理。我们每个人身上都拥有钻石宝藏，即潜力和能力。这些钻石足以使自己的理想变成现实。为了成功，我们所要做的只是辛勤地开发自己的“钻石”，不断地挖掘和运用自己的潜能。

只要你用积极的态度来看待自己的生活，就会发现没有任何经验不值得回忆，其中都包含着它的价值。这时，你会发现自己具有的那些优良的特质——这些特质就是你和世界上每一个人都不一样的因素。这些都是你具有的优点，而优点就是力量，它是你信心的来源和人生之路选择的根据。你除了拥有自身的优点外，不可能拥有别人特有的东西，你的优点是你成功的要素和主力。

犹如天使与魔鬼共生，人类与菌类并存，优点总是与缺点形影相随。你为什么不勇敢地接受与面对自己的缺点，然后积极地克服、改造，甚至利用它呢？如果真的是无法改变，那为何不能坦然地加以容纳呢？怨天尤人，自暴自弃，只能产生更多的烦恼，在接受自我与控制自我之间平衡发展才是正确之道。

我们人生最大的敌人往往是我们自己，战胜自己是最伟大的超越。要知道，人从来就是一种趋乐避苦的动物，一种生性懒惰、放纵的动物。

“胜人者有力，自胜者强。”老子的学说2000多年不死，就在于其精神的博大与精深，在于其能给予人们以深刻的人生感悟。

事实证明：大多数人只利用了自身优点与潜力的百分之十，要是你再用上另外的百分之十，你的成就就会双倍于你现在的成就，你便能做两倍于现在的事。这可是一个可观的数目！

成功者了解自己是什么样的人，了解自己在生活中所扮演的角色、潜力和将来要去承担的任务及达到的目标；他们凭借自己的洞察力和判断力不断学习和加强对自己的了解，避免发生错误；他们不欺骗别人，更不欺骗自己。

怎么认识自我，这是悬在每个追求成功人生之士面前的巨大问号。它并非是一种形而上的生存哲学问题，它关系到你具体的行动方略设计。你无法漠视或者逾越它，你必须做出相应的回答，而作为你回答质量的评价，将决定你未来的发展成就。

5. 将“我不行”转变为“我能行”

作为一个现代人，应时刻具有迎接失败的心理准备。世界充满了成功的机遇，也充满了失败的可能。缺乏自信的人，会对人生未知的前途感到恐惧，从而丧失机会，极易失败。所以百年哈佛对每一个被教育者，都培植这样一种信念：面对当代人生，要不断提高自我应对挫折与干扰的能力，调整自己，增强社会适应力，不要老是怀有“我不行”“我做不到”的情绪，而是要将“我不行”变为“我能行”，坚信成功在失败之中。若每次失败之后都能有所“领悟”，把每一次失败当做成功的前奏，那么就能化消极为积极，变自卑为自信，失败就能领你进入一个新境界。

当我们对自己失去信心时，可以尝试以下几种方法来克服自己的自卑：

1. 坐在前排

你是否注意到，无论在教堂或教室的各种聚会中，后面的座位是怎么先被坐满的吗？大部分占据后排座位的人，都希望自己不会“太显眼”。而他们怕受人注目的原因就是缺乏信心。

坐在前面能建立信心。把它当做一个规则试试看，从现在开始就尽量往前坐。当然，坐前面会比较显眼，受人瞩目，这会令一个自信心不足的人感到很不自然、很不舒服，但要记住，有关成功的一切都是显眼和被人瞩目的。

2. 正视别人

一个人的眼神可以透露出许多有关他的信息。某人不正视你的时候，你会直觉地问自己：“他想要隐藏什么呢？他怕什么呢？他会对我不利吗？”

当一个人不正视别人通常意味着：在你旁边我感到很自卑；我感到不如你；我怕你等。躲避别人的眼神意味着：我有罪恶感；我做了或想到什么我不希望你知道的事；我怕一接触你的眼神，你就会看穿我。这都是一些不好的信息。

正视别人等于告诉他：我很诚实，而且光明正大。我告诉你的话是真的，毫不心虚。

要让你的眼睛为你工作，就是要让你的眼神专注别人，这不但能给你信心，也能为你赢得别人的信任。

3. 把走路的速度加快

当大卫·史华兹还是少年时，到镇中心去是很大的乐趣。在办完所有的差事坐进汽车后，母亲常常会说："大卫，我们坐一会儿，看看过路行人。"

母亲是位绝妙的观察行家。她会说，"看那个家伙，你认为他正受到什么困扰呢？"或者"你认为那边的女士要去做什么呢？"或者"看看那个人，他似乎有点迷惘。"

观察人们走路实在是一种乐趣，这比看电影便宜得多，也更有启发性。

许多哈佛的心理学家将人们懒散的姿势、缓慢的步伐与这个人对自己、对工作、对别人的不愉快的感受联系在一起，结果表明借着改变姿势与速度，可以改变一个人的心理状态。若仔细观察你就会发现，每个人身体的动作是心灵活动的结果，那些遭受打击、被排斥的人，走路都拖拖拉拉，完全没有自信心。

普通人有"普通人"走路的模样，作出"我并不怎么以自己为荣"的表白。

当一个人有着超凡的信心时，走起路来会比一般人快，像跑。他们的步伐告诉整个世界："我要到一个重要的地方，去做很重要的事情，更重要的是，我会成功。"

如果你坚持，每天在走路时抬头挺胸走快一点，你就会感到自信心在滋长。

4. 当众发言

哈佛人生哲学告诉人们，有很多思路敏锐、天资高的人，却无法发挥他们的长处参与讨论。并不是他们不想参与，而只是因为他们缺少信心。

在会议中沉默寡言的人一般会这样认为："我的意见可能没有价值，如果说出来，别人可能会觉得很愚蠢，我最好什么也不说。而且，其他人可能都比我懂得多，我并不想让他们知道我是这么无知。"

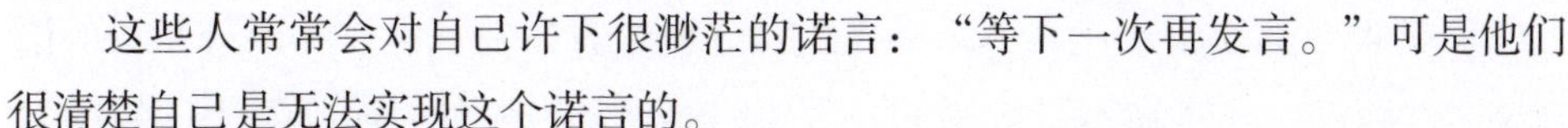

这些人常常会对自己许下很渺茫的诺言："等下一次再发言。"可是他们很清楚自己是无法实现这个诺言的。

每次这些沉默寡言的人不发言时，他就又多了一些缺乏信心的毒素，他会愈来愈丧失自信。

从积极的角度来看，如果尽量发言，就会增加信心，下次也更容易发言。所以，要多发言，这是信心的"维他命"。

不论是参加什么性质的会议，当需要自己表明观点、意见时，应当每次都主动发言，也许是评论，也许是建议或提问题，都不要有例外。而且，不要最后才发言。要做破冰船，第一个打破沉默。

不要担心这会让自己显得很愚蠢——不会的，因为总会有人同意你的见解。所以不要再对自己说："我怀疑我是否敢说出来。"

所以，培育自信心的建议之一便是努力找机会发言。

5. 开怀大笑

大部分人都知道笑能给自己很实际的推动力，它是医治信心不足的良药。但是仍有许多人不相信这一套，因为在他们恐惧时，从不试着笑一下。

真正的笑不但能治愈自己的不良情绪，还能马上化解别人的敌对情绪。如果你真诚地向一个人展颜微笑，他实在无法再对你生气。

有一天，拿破仑·希尔的车停在十字路口的红灯前，突然"砰"的一声，原来是后面那辆车的驾驶员的脚滑开刹车器，他的车撞了希尔车后的保险杠。当希尔从后视镜看到他下车，也跟着下车，准备痛骂他一顿。

但是很幸运，希尔还来不及发作，对方就走过来对他笑，并以最诚挚的语调说：“朋友，我实在不是有意的。”他的笑容和真诚的说明把怒火中烧的希尔融化了。希尔只有低声说：“没关系，这种事经常发生。”转眼间，敌意变成了友善。

咧嘴大笑，你会觉得美好的日子又来了。但是要笑得“大”，半笑不笑是没有什么用的，要露齿大笑才能见功效。

我们常听到：“是的，但是当我害怕或愤怒时，就是不想笑。”

当然，这时，任何人都笑不出来，窍门就在于你必须强迫自己说：“我要开始笑了。”然后，笑。

实施上述方法，也许每个人有不同的体验和结果。但有一点是共同的，只要你去认真这样做了，你的自信心多多少少会起变化，你会变得开朗、大方、被人尊重和受到欢迎，这样，离你的目标就已经极为接近了。

6. 如何消除自卑心理

我们每个人都知道，自信是所有成功人士必备的素质之一，要想成功，首先必须建立起自信心，而你若想在自己内心建立信心，即应像洒扫街道一般，首先将相当于街道上最阴湿黑暗之角落的自卑感清除干净，然后再种植信心，并加以巩固。下面是成功人士总结的克服自卑的方法：

1. 分析自卑原因

首先，你应观察自己的自卑感是由什么原因造成的。你会发现原来自己的自我主义、胆怯心、忧虑及自以为比不上他人的感觉小时候就已存在，而自己和家人、同学、朋友之间的摩擦往往是由自卑的消极心态造成的。若对此能有所了解，你就等于已踏出克服自卑感的第一步了。为了证明你不再是小孩，你若能将小时候不愉快的记忆从内心清除，即表示你向前迈进了一步。

通过全面、辩证地看待自身情况和外部评价，认识到人不是神，既不可能十全十美，也不会全知全能这样一种现实。人的价值追求，主要体现在通过自身智力，努力达到力所能及的目标，而不是片面地追求完美无缺。对自己的弱项或遇到的挫折，持理智的态度，既不自欺欺人，也不将其视为天塌地陷的事情，而是以积极的方式应对现实，这样便会有效地消除自卑。

2. 写下自己的才能与专长

你不妨将自己的兴趣、爱好、才能、专长全部列在纸上，这样，你就可以清楚地看到自己所拥有的东西。另外，你也可以将做过的事制成一览表。譬如，你会写文章，记下来；你善于谈判，记下来；你会演奏几种乐器，你会修理机器等，你都可以记下来。知道自己会做哪些事，再去和同年龄其他人的经验做比较，你便能了解自己的分量。

3. 面对自己的恐惧

请牢记，对自己绝不可放纵，你应正视自己的问题，从正面去试试解决。譬如你害怕在大庭广众之下发表意见，就应多在大庭广众之中与人交谈；如果你为了加薪问题想找上司谈判，但因心生胆怯，事情一拖再拖，一直无法获得解决，建议你不妨一鼓作气走到上司面前，开门见山地要求加薪，相信结果一定比你想象的还好。因此，如果你现在心里有尚未完成而需要完成的事，切勿迟疑，赶快展开行动吧！

4. 努力补偿

通过努力奋斗，以某一方面的突出成就来补偿生理上的缺陷或心理上的自卑感（劣等感）。有自卑感就是意识到了自己的弱点，就要设法予以补偿。强烈的自卑感，往往会促使人们在其他方面有超常的发展，这就是心理学上说的“代偿作用”，即是通过补偿的方式扬长避短，把自卑感转化为自强不息的推动力量。耳聋的贝多芬，却成了划时代的“乐圣”；解放黑奴的美国总统林肯，补偿自己不足的方法就是教育及自我教育，他拼命自修以克服早期的知识贫乏和孤陋寡闻，他在烛光、灯光、水光前读书，尽管眼眶越陷越深，但知识的营养却对自身的缺乏作了全面补偿，最后他成了有杰出贡献的美国总统。

许多人都是在这种补偿的奋斗中成为出众的人的。通往成功的道路上，完全不必为“自卑”而彷徨，只要把握好自己，成功的路就在脚下。

5. 投入工作

将注意力转移到自己感兴趣也最能体现自己价值的活动中去，可通过致力于书法、绘画、写作、制作、收藏等活动，从而淡化和缩小弱项在心理上的自

卑阴影，缓解心理的压力和紧张。

每当做好一件工作，你便能获得进一步的信心；而有了信心，又可为你带来物质上的报酬，使你获得别人的赞美，进而得到心理上的满足。这些连续美好的反应，是让你走上成功的推进器，使你爬得更高、看得更远，彻底发挥所长，并获得自己想要的事物。

7. 战胜自卑的方法

在心理学中，自卑属于性格上的弱点，它是和一个人不能正确认识自己和评估自己相关联，总觉得自己不如别人，在行为上往往表现出顾虑重重，怕他人讥讽、嘲笑，因而畏缩不前、自惭形秽。

自卑心理往往是与他人相比较得出的。如果一个人在做着前人未做过的事，虽然遭受失败，但在没有比较对象的情况下，通过对失败经验教训的总结，一般人是不会形成自卑心态的。如果你与他人做着同样的事情，他人成功了，自己却失败了，自己找不出做不好的原因，对失败与挫折又不能正确对待。因此，遭受失败和挫折的次数会更多，长此以往，就可能产生自己不如他人的自卑心理。

一个人的生活和工作，如果让自卑心理占据上风，这无论是他的身心健康，还是事业的成就都会受到影响，使人成不了大器。

那么，怎样消除和克服自卑心理呢？一般应该重视以下几个方面：

1. 无条件地接受自己

现在不是探讨你是怎样被塑造成现在的你的问题，而是你如何对待现在已经成形的你的问题。为了你不喜欢自己的地方，责怪你的父母、怪社会对你的不公、怪你的身体和智力的缺陷，或者怪任何方面，都是于事无补的。真正的问题是：你是谁？你怎样对待自己？

首先就是赶快建立起强烈的自尊。接受你自己，然后继续努力：

（1）至少列出 10 条你所具备的积极的性格特点。尽可能多地列出自己喜爱自己的特性，但一定要诚实。当你列完以后，向上帝、向那些帮助过你的人，为看到自身的美，对你自己写一个简短的感谢辞。

（2）列出你不喜欢你自己的地方，内容可多可少。还是要做到诚实。在你认为你能改正的方面打一个对号。写两个短评：第一个是接受声明，表示接受你不喜欢但你不能改变的地方；第二个是保证书，保证改变你所有能改变的地方。

（3）简短地描绘一下你认定要做到的个人形象，要充分考虑到你的实力和你的局限。

（4）写一个简短的接受你自己这个礼物的声明。

2. 避免说自己的弱点

你特别不喜欢别人贬低你，是不是？你尤其不喜欢虚假的或者是在某种程度上真实的消极的评论，对不对？然而，一个破坏性的自我批评对你造成的伤害，却 10 倍于别人对你的批评！那些总是说自己缺点的人，到后来真的相信自己有这么多的缺点。一旦他们相信自己，他们的行动就处处受到自己的想法的规制，他们就会真的变成他们自己所说的那样一无是处的人。

但是这种现象还有另一方面！当一个人拥有积极思维并且在内心里这样评

价自己时，他们就开始相信自己这些优点。他们就会变成他们自己认定的那种令人兴奋的人。积极的评价——你对你自己的赞扬——能够让你建立起自尊。

你不能忽略你自己或者别人做出的建设性的批评。如果你一星期不洗一次澡，身上发出一种气味，不理会自己的鼻子和朋友的掩鼻是愚蠢的！要学会区分一种评价是破坏性的还是建设性的。当你和别人对自己有消极的评论时，想想你是否能或者说应该做点儿什么了。最重要的一点是：不要养成以不适当的批评来贬低自己的习惯。要养成一个欣赏自己的优点的习惯，这样，你就会发现你更加喜欢自己了。

3. 正确对待竞争

学习和工作中，不能没有竞争。这是促使个体积极向上，争取进步的一种动力，它的作用在于激励人们努力奋斗，求得整个社会的进步和人类生活水平的共同提高。因此不能否定社会竞争的必要性。尽管自己在以往的竞争中遭受过失败，但也不能不参加。在竞争中要认识到，竞争的结果必然有胜利者，也必然有失败者。强中更有强中手，胜利和失败、超前和落后是可以转换的。竞争中的失败并不是断送了前程，关键在于总结经验教训以利再战。

4. 塑造自己的坚强个性

一个人的自卑心理往往是由于对自己能力不正确的评价造成的。人的能力有大小，这是事实，但人的能力具有的绝不只是一般的认识特点或操作特点，不单纯是有固定的理智方面的因素组成的。它属于活生生的个体人的能力，它和每个人都具有的个性相联系。中国古时就有人提出“勤能补拙”，即是说，勤能补偿某方面能力的不足。心理学家用一些科学方法对这些问题进行了探讨。美国心理学家推孟对 150 名有成就的智力优胜者的研究表明，智力的发展不仅在于智力本身，也和性格特征有关。推孟认为，智力优胜者和四种性格特点有关：第一，为取得成功的坚持力；第二，善于为实现目标不断积累成果；第三，自信心；第四，不自卑。朋友们，让我们在完善我们的性格品质中，克服自卑心理吧！

5. 要正确与别人比较

每个人都有自己的优点，也有短处，这一方面不成，也许另一方面强于别人。既不能笼统地与别人相比较，更不能拿自己的短处和别人的长处相比较，而应是扬己之长，避己之短。古希腊哲学家苏格拉底虽然相貌丑陋，但他矢志科学，在哲学上的成就使他誉满全球，这就是一种巨大的补偿。人与外界环境联系和交往的渠道是多方面的，这条渠道不通了，还可以开辟另一条渠道，何必庸人自扰？只要我们懂得“得和失”“利和弊”的辩证关系，就不会受到自卑心理的支配。

6. 正视失败

俗语说“失败为成功之母”，只要我们敢于正视失败，就会克服和战胜各种困难。在工作和学习上，或许遇到几次挫折，成绩不如他人，但这并不足以说明自己的智力就一定不如别人。拿影响学生考试成绩来说，影响考试成绩的主、客观因素很多，一遇考试就心慌、胆怯，考不出好成绩，这不能说是智力水平问题，这可能是不良的个性因素造成的。这种情况可以通过调节自己的心理活动解决。只要你有信心和决心总结经验、振奋精神，完全可以克服困难，取得成功。

第四章　学会宽容　道路宽广

1. 宽容待人——成功者的风度

古语云："地之秽者多生物，水之清者常无鱼。故君子当存含垢纳污之量。"这句话的主要意思是一个人必须具有容纳污秽与承受耻辱的能力，再加上包容一切善恶贤愚的态度。放眼世界，成大事者必须具备宽容的习惯。

"江海所以能为百川王者，以其善下之。""有容德乃大。""惟宽可以容人，惟厚可以载物。""君子不责人所不及，不强人所不能，不苦人所不好。"从社会生活的角度来讲，宽容大度确实是人在实际生活中不可或缺的素质。

唐太宗李世民以自己的文韬武略，使大唐达到了中国历史上最有名的盛世，史称"贞观之治"。在封建社会出现"贞观之治"这样的盛世局面，与李世民的宽容大度及开明是分不开的。李世民非凡的勇气和魄力，才使李渊建立了大唐，李世民也以此在玄武门之变后确立了自己的地位。继位后的李世民以博大的胸襟，重用贤才，接纳劝谏，创造了唐的盛世，为后代人们所称道。

李世民求贤若渴，不计门第亲疏，用人不疑，对于谋害过自己的太子集团的文臣武将，只要表示愿意继续效忠，都被重用，并给以应得的礼遇。唐朝初年，兵丁减少，唐太宗李世民下旨征兵，主持征兵的右仆射建议降低兵役年龄，不满十八岁的男子只要身强力壮就须入伍。唐太宗批准了这个建议，没想到，此建议遭到魏徵坚决反对，四次送到魏徵手中的诏书，他都不肯署名。太宗非常生气，召来魏徵，连声斥责。魏徵对太宗说："竭泽而渔，暂时有了鱼吃，但鱼捞尽了以后，就无鱼可捞了。焚林而猎，虽然暂时捕到不少猎物，但从此以后就再也捕捉不到猎物了。如果把全国的盛年男人都征入伍，种田的人少了，那租税徭役由谁来承担？况且兵在精不在多，只要训练有方，不必太多。陛下以诚信治天下，现在没做几天皇帝就无端降低兵役年龄，岂不是不讲信用？"

太宗听了魏徵的话不怒反喜，立刻下诏撤回征兵的命令。

唐太宗在位时，知人善任，亲贤良，去小人，政治清明，达到封建社会顶峰。他制定刑律，以轻代重，君臣执法不避权贵；他重视吏治，慎选刺史，严惩贪官污吏；实行轻徭薄赋的政策，以恢复生产，发展经济。他节俭自持，为戒奢淫，二十年间风俗淳朴；他实行开明的民族政策，促成"胡越一家"的盛况。正是他的得力的内政与外交政策，促进了社会的发展，使大唐达到了鼎盛。"君子恩泽，五世而斩。"为了使大唐基业持久下去，"长守富贵"，他吸取隋朝亡国的教训，注意不断地"纳谏"。

贞观十六年，魏徵病重，太宗前去探望，魏徵已病入膏肓，君臣相见，泪流满面。魏徵去世后，太宗亲自作文，刻于墓碑，表彰魏徵。后来，他对大臣说："以铜为镜，可以正衣冠；以古为镜，可以知兴亡；以人为镜，可以明得失。朕常保这三面镜子，来防止自己的过失。如今朕失了魏徵这面好镜子了！"

作为历史上的一代明君，唐太宗正是凭着这种博大的胸襟造就了历史上有名的"贞观之治"，被世人颂扬。

宽容待人，是成功者的风度，这种风度是发自灵魂深处的内在修养，是一种良好心态的表露。只有真正放开胸襟，宽容待人，才能取得成功之冠。

2. 宽容是自我解放的方式

香港商业巨人李嘉诚所创建的公司均以"长江"作为字号。起初涉足塑胶业，他把塑胶厂取名为"长江塑胶厂"，后来又转为房地产业，将其公司命名为"长江地产有限公司"。后来规模扩大，改名为"长江实业"。

李嘉诚为何对"长江"二字如此青睐？他说："长江，容纳百川，不择细流。"

做人也要有这样博大的胸怀和旷达的气度。俗话说，宰相肚里能撑船，这不是说每个人都会当宰相，而是表明一个人的心胸有多么的宽广。

廉颇和蔺相如的故事大家都很熟悉。面对廉颇的无礼，蔺相如表现出极其难得的气度，最后他的宽容使廉颇深感惭愧，“负荆请罪”，并与蔺相如携手共同为国家的富强立下了汗马功劳。

一个集体、一个民族、一个国家需要有这种宽容大度的人。宽容避免了正面冲突和交锋，宽容能化解人们之间的怨恨与隔阂，使大家团结一致，共同奋斗。

宽容是人特有的一种涵养，具有宽容美德的人才能获得别人的尊重与敬仰。丹尼·胡佛曾是美国西北航空公司的一级飞行员，他的飞行技术十分高超，飞行经验十分丰富，在他的飞行生涯中未出现一次事故，他因此赢得了同行的敬佩。但让他在同事中树立较高威信的另一个原因是他有宽容的美德。有一次，他驾驶飞机从圣地亚哥飞往西雅图，途中飞机的发动机突然起火，飞机随即下坠，情况十分紧急。胡佛凭着超人的应变能力和丰富的经验，使飞机安全降落，机上成员安然无恙，虽然飞机最终被烧成了一堆废铁。经过调查，胡佛发现问题出在加错了油上，本来应该加螺旋桨飞机用的油，而机械师加了喷气式客机所用的燃料。这一小小的失误不仅造成极大的损失，也让胡佛等人差点儿送了命。胡佛马上命人找到加油的机械师，机械师也因此事感到万分难过。大家以为胡佛会大发雷霆，甚至会解雇他。出人意料的是，胡佛拍拍年轻机械师的肩，反而安慰说：“年轻人，别难过了，只要知错能改就行了。你看我的那架飞机还等你去加油呢。”胡佛非但没有责怪机械师，反而安慰他，这需要多大的气量！

中国有句俗话叫“得饶人处且饶人”，在现实生活中，大家难免会出现摩擦和冲突，如果谁也不礼让，得理不让人，态度倨傲蛮横，不但不能让对方认识到自己的错误，相反，会因此激怒对方，产生更大的冲突。

有人会说宽容别人，那就是让自己吃亏，至少很没面子。事实上，宽容别人恰恰会表现出一个人高尚的品德。“金无足赤，人无完人”，谁会不犯一点儿错误呢？宽容，也能让自己紧张的心情放松。生气是拿别人的错误惩罚自己，而宽容则是自我解放的一种方式。如果一个人始终生活在埋怨、责怪、愤怒当中，那么他不仅得不到本应属于他的快乐、幸福，甚至会让自己变得冷漠、无情和残酷，后果是很可怕的！

学会宽容别人，让生命中美好的阳光渗透到你的心灵，让一切笼罩生活的阴影随之飘散，相信你会拥有更完美的人生！

大方豁达的待人态度不仅能给他人带来快乐，也是持这一态度的人获取快乐的巨大源泉，因为它使你受到普遍的喜爱和欢迎。

3. 宽容别人，就等于宽容自己

为一点鸡毛蒜皮的小事结下一生的死结，这种情况实在是太多了。当生活的谜底翻开时才幡然悔悟，却不知为时已晚，最好的光阴已逝。生活中这样的遗恨太多了，所以，还是宽容地对待生活吧，莫为一些无关紧要的小事，影响到自己人生的大局。

人生难免会遇上个沟沟坎坎，有时候，一件特别小的事情如果不能释怀，可能就会使你长期戴上痛苦的金箍，影响到自己的生活状态。

有一对双胞胎兄弟，父亲过世后，兄弟俩接手共同经营父亲留下的商店。刚开始的时候，一切都很顺利，兄弟俩齐心协力，把小店打理得井井有条。可是，有一天，一块美金丢失了，于是，一切都发生了变化。

原来，哥哥将一块美金放进收银机后，就与顾客外出办事，当他回到店里时，突然发现收银机里面的钱已经不见了！他问弟弟：“你有没有看到收银机里面的钱？”

弟弟回答说：“我没有看到。”但是哥哥却咄咄逼人地追问，不愿就此罢休。哥哥说：“钱不会长了腿跑掉的，我认为你一定看见过这一块钱。”语气中隐约地带有强烈的质疑。弟弟委屈万分，见哥哥不信任自己，怨恨之情油然而生。

就这样，手足之情出现了裂痕，兄弟俩内心产生了严重的隔阂。双方都对此事一直耿耿于怀，开始不愿交谈，后来决定不在一起生活，他们在商店中间砌起了一道砖墙，从此分居而立。

20年过去了，敌意与痛苦与日俱增，这样的气氛也感染了双方的家庭与整个社区。一天，有位开着外地车牌汽车的男子在哥哥的店门口停下。他走进店里问道："您在这个店里工作多久了？"哥哥回答说他这辈子都在这店里服务。

这位客人说："我必须要告诉您一件往事。20年前我还是个不务正业的流浪汉，一天流浪到这个镇上，肚子已经好几天没有进食了，我偷偷地从您这家店的后门溜进来，并且将收银机里面的一块钱取走。虽然时过境迁，但我对这件事情一直无法忘怀。一块钱虽然是个小数目，但是我深受良心的谴责，必须回到这里来请求您的原谅。"

当说完原委后，这位访客很惊讶地发现店主已经热泪盈眶，并哽咽着请求他："是否也能到隔壁商店将故事再说一次呢？"当这陌生男子到隔壁说完故事以后，他惊愕地看到两位面貌相像的中年男子，在商店门口痛哭失声、相拥而泣。

20年的时间，由于误解带来的怨恨终于被化解，兄弟之间存在的对立也因而消失。可是，20年，这么长时间的痛苦和烦恼谁能补偿？仅仅因为一块钱啊！丧失了兄弟亲情，丧失了多少和睦与美好，还给双方家庭带来无尽的烦恼。

为一点小事结下一生的死结，生活中这种情况实在是太多了。生活中的你我，千万不要等到生活的谜底翻开时才后悔莫及。学会宽容地对待身边的一切吧！宽容别人，其实就等于是宽容自己。

人生需要谅解，生命需要宽容。别让怨恨积郁彼此的心口，莫让感情的旧债成为一生的死结。谅解是源泉，能洗刷被焦躁、怨恨和复仇裹挟的心田；谅解是火炬，能照亮人们美好人生的前路。

4. 宽容别人——做人的原则

很多时候，我们需要别人宽容，也要宽容别人，一味争抢只能使自己陷入孤立。

亚历山大大帝骑马旅行，一天，他来到一个乡镇小客栈，为进一步了解民情，他决定徒步旅行。当他穿着没有任何军衔标志的平纹布衣走到了个三岔路口时，却记不清回客栈的路了。

亚历山大无意中看见有个军人站在一家旅馆门口，于是他走上去问道："朋友，你能告诉我去客栈的路吗？"

那军人叼着一只大烟斗，头一扭，高傲地把这身着平纹布衣的旅行者上下打量一番，傲慢地答道："朝右走！"

"谢谢！"大帝又问道，"请问离客栈还有多远？"

"一英里。"那军人生硬地说，并瞥了陌生人一眼。

大帝抽身道别刚走出几步又停住了，回来微笑着说："请原谅，我可以再问你一个问题吗？如果你允许我问的话，请问你的军衔是什么？"军人猛吸了一口烟说："猜嘛。"

大帝风趣地说："中尉？"

那烟鬼的嘴唇动了下，意思是说不止中尉。

"上尉？"

烟鬼摆出一副很了不起的样子说："还要高些。"

"那么，你是少校？"

"是的！"他高傲地回答。于是，大帝敬佩地向他敬了礼。

少校转过身来摆出对下级说话的高贵神气，问道："假如你不介意，请问你是什么官？"

大帝乐呵呵地回答："你猜！"

"中尉？"

大帝摇头说："不是。"

“上尉？”

“也不是！”

少校走近后仔细看了看说：“那么你也是少校？”

大帝镇静地说：“继续猜！”

少校取下烟斗，那副高贵的神气一下子消失了。他用十分尊敬的语气低声说：“那么，你是部长或将军？”

“快猜着了。”大帝说。

“殿……殿下是陆军元帅吗？”少校结结巴巴地说。

大帝说：“我的少校，再猜一次吧！”

“皇帝陛下！”少校的烟斗从手中一下掉到了地上，猛地跪在大帝面前，忙不迭地喊道：“陛下，饶恕我！陛下，饶恕我！”

“饶你什么？朋友。”大帝笑着说，“你没伤害我，我向你问路，你告诉了我，我还应该谢谢你呢！”

大千世界，每个人都难免会有被人低看的时候，这时的你是否可以做到像亚历山大大帝那样宽容呢？

也许你并不是一个脾气暴躁的人，也不会对所有的事情都发脾气，可是就有一两个人老是惹你生气，他们可能是你的老朋友、邻居或同学。

就像你老觉得别人在侮辱你一样，不管你做什么事，他都做得比你好，或者他会说哪个人做得比你好。你和他在一起的时候，只好开始夸耀自己，宣扬自己的成就，甚至可能夸大自己的能力。你为了报复，甚至开始侮蔑他，同时愈来愈觉得愤怒和厌恶。你不仅无法忍受别人，你也变得不喜欢自己了。

令人最生气的人，很可能也是你最亲爱的人。即使是全副武装的敌人，也不至于像你身边的人那样经常地给予你那么猛烈的攻击。

我们都知道谁是自己的敌人，也知道为什么他是我们的敌人；可是对亲近的人而言，我们却常常否认彼此之间存在的困扰，而且还要为他找借口，否认真正的问题，一直到下一次怒火又上升了为止。

到底是谁怎么惹你生气的？你现在可能知道答案，也可能不知道。但你可以一直探究下去，知道惹你生气的人是谁，他做了什么事，你有什么感觉，还有问题在哪里。如果你老是被同一个人激怒，你可能会发现他的某些行为特别容易惹你生气。

每个人都应拥有一颗王者之心，具有超凡的宽容。用我们伟大的心灵去创造辉煌的业绩，何尝不具有一种王者风范呢？宽容别人是上帝赐予我们最美丽的做人原则之一，灵活做人，更应明白这个原则。让我们坚持这个原则不动摇，让这个社会少一些埋怨，多一些宽容吧！

5. 原谅他人的缺点和过失

为人处世，首先应当提倡“豁达大度”的胸怀。豁达，即性格开朗；大度，即气量宏大。合起来就是说，我们在处理人际关系时，要气量宽宏，能够容人。

气量犹如器之容水，器量大则容水多，器量小则容水少，器漏则上注而下逝，无器者则有水而不容。

气量大的人，容人之量、容物之量也大，能和各种不同性格、不同脾气的人们处得来。能兼容并包，听得进批评自己的话。也能忍辱负重，经得起误会和委屈。

古语云：“大度集群朋。”一个人若能有宽宏的度量，那么他的身边便会集结起大群的知心朋友。大度，表现为对人、对友能“求同存异”，不以自己的特殊个性或癖好律人，唯以事业上的志同道合为交友基础。大度，也表现为能听得进各种不同意见，尤其能认真听取相反的意见。大度，还要能容忍朋友的过失，尤其是当朋友对自己犯有过失时，能不计前嫌，一如既往。大度，更应表现为能够虚心接受批评，一旦发现自己的过失，便立即改正，和朋友发生矛盾时，能够主动检查自己，而不文过饰非，推卸责任。大度者，能够关心人，帮助人，体贴人，责己严，待人宽。

气量大，还表现为在小事上不较真，不为小事斤斤计较、耿耿于怀。人生在世，谁都会碰到这样或那样的使人不快的小摩擦、小冲突。别人一触犯了自己，就动怒，或者记下一笔，“秋后算账”，这样只会把自己孤立起来。“私怨宜解不宜结”，在处理朋友关系当中，尤其应当如此。“大事清楚，小事糊涂”，不计较小事，这是一种美德。如果朋友之间能够坦然，互相信赖，互相谅解，有了意见能及时交换，那么彼此之间即使有些成见也是不难消除的。有些青年相互之间容易结死疙瘩，就是因为心胸狭窄，气量狭小，爱纠缠小事，时间长了，意见变成见，怨气变成怨恨，感情上就会格格不入转而反目成仇。在小事上宽大为怀，不会使你蒙受损失，只会使你受人敬佩。西汉时的韩信，在年轻潦倒之时，曾有人逼他从胯下钻过去，实在是够欺人的。后来韩信被刘邦拜为大将，不但没有杀这个人，反而赏之以金，委之以官，使其大受感动，不仅消除了私怨，最后还成了舍命保护韩信的勇士。韩信这种“以德报怨”的方法，比起有些青年一感到被欺负就“针锋相对”“以牙还牙”的做法来，实在要高明得多。

一个人的气量是大是小，在心平气和时较难鉴别，而当与他人发生矛盾和争执时，就容易看清楚了。气量宽宏的人，不把小矛盾放在心上，不计较别人的态度，待人随和。而气量狭小的人，则往往偏要占个上风，讨点便宜。还有的人在和别人的争论中，当自己处于正确的一方，成为胜利者的时候，则心情舒坦，较为愿意谅解对方；但当自己处于错误的一方，成为失败者的时候，则往往容易恼羞成怒，对人家耿耿于怀，这也是气量小的一个表现。朋友之间的争论是常有的，一个真正豁达大度的人，不应该因为别人和自己争论问题而对人家耿耿于怀，更不应该因为别人驳倒了自己的意见而恼羞成怒。

宽宏的度量，往往包含在谅解之中。要想见到不顺心的事而不发脾气，就必须养成能够原谅他人的缺点和过失的习惯。待人接物，不能过于苛求，“水至清则无鱼，人至察则无徒”，对别人过于苛求，往往使自己跟别人合不来。社会是由各式各样的人组成的，有讲道理的，也有不讲道理的，有懂事多的，也有懂事少的，有修养深的，也有修养浅的，我们总不能要求别人讲话办事都符合自己的标准和要求。真正的豁达大度者，当那些懂事较少、度量较小、修养较浅的人做了得罪自己的事情时，能够宽容他们，谅解他们，不和他们一般见识。从这个意义上说，那些最豁达、最能宽容的人，乃是最善于谅解人、最通达世事人情的人。

豁达的度量，从根本上说是来自一个人宽广的胸怀。一个人倘若没有远大的生活理想和目标，其心胸必然狭窄，就像马克思所形容的那样：愚蠢庸俗、斤斤计较、贪图私利的人，总是看到自以为吃亏的事情。比如，一个毫无教养的人常常只是因为一个过路人看了他几眼，就把这个人看做世界上最可恶和最卑鄙的坏蛋。

眼睛只盯着自己的私利，根本不可能有豁达和宽容的胸怀和度量。“心底无私天地宽。”只有从个人私利的小圈子中解放出来，心里经常装着更远、更大目标的人，才能具备宽广的胸怀，领略到海阔天空的精神境界。

6. 宽容不是无原则的迁就

与宽容相对的是狭隘。人们总是对自己曾经遭受的痛苦不能忘怀，狭隘便是源于过去不愉快的记忆，人们之所以要记住过去的不愉快，就是要努力防止那些不愉快的事再度发生，避免再度受到伤害，如果一定要把过去的伤痛加之于现在，那你便永远走不出过去的阴影，永远也抹不去曾经的伤痛。久而久之，便形成了你狭隘的心理习惯。法国有句谚语：“原谅过去，才能释放自己。”一旦你能让那些不愉快的往事成为过去，原谅一切，你的生活将重现生机。

林肯被美国人誉为“英雄总统”，他善用宽容包容一切，因此赢得人们的尊重和景仰。早在林肯竞选总统期间，芝加哥人茅谭曾频频向他发出尖锐的批评，甚至刻薄的谩骂，为林肯当选为总统出了不少的“反力”，但林肯当选总统后在华盛顿为茅谭举行了一个欢迎会，茅谭因为过去的言论而不敢面对林肯，远远地找了一个位置坐下了，林肯却不以为然，仍然很有风度地说：“茅谭，那不是你坐的地方，你应该过来和我站在一块。”每个在欢迎会上的人都亲眼目睹了林肯赋予茅谭的殊荣，茅谭感激不尽，也正因为如此，茅谭成为林肯最忠诚、最热心的支持者。

当别人伤害你时，你记住的只能是事情，而不应该是仇恨。记住事情你便有了前车之鉴，不记仇恨你才能忘记忧愁。

一位从日本战俘营里死里逃生的人，去拜访另一个当时被关在一起后来也幸运逃脱的难友，他问这位朋友："你已原谅那群残暴的家伙了吗？""是的，我早已原谅他们了！""我可是一点都没有原谅他们，我恨透他们了，这些坏蛋害得我家破人亡，至今想起仍让我咬牙切齿！恨不得将他们千刀万剐。"

他的朋友听了之后，静静地说："若是这样，那他们仍监禁着你。"

朋友的话让他理解了宽容，他终于走出了战争的阴影，成为一个健康快乐的人。

宽容是一种胸怀，是一个良好的习惯，它是对现实生活中的不愉快所作出的让步，当然，宽容不等于姑息，不是无原则的迁就，姑息、迁就只能使错误继续错下去，使误解继续加深，让不满一步一步积蓄成仇恨。

7. 施恩给为难自己的人

宽容是一种处世哲学，宽容也是人的一种较高的思想境界。学会宽容别人，也就懂得了解脱自己。

不论你用什么方式指责别人，都直接打击了他的智慧、判断力、荣耀和自尊心。这会使他想反击，但绝不会使他改变心意。即使你搬出所有的柏拉图或康德的逻辑，也改变不了他的看法，因为你伤了他的感情。

所以，永远不要这样开场："好，我证明给你看。"这句话等于是说："我比你更聪明。我要告诉你一些事，使你改变看法。"

这是一种挑战，会挑起战端，在你尚未开始之前，对方已经准备应战了。

即使在最温和的情况下，要改变别人的主意也不容易。

如果有人说了一句你认为错误的话，即使你知道是错的也应虚心接受，然后，用探讨的语气提出自己的观点，这样就会产生奇特的效果。

没有几个人具有逻辑性的思考。我们多数人都有武断、偏见的毛病。我们多数人都具有固执、嫉妒、猜忌、恐惧和傲慢的缺点。因此，如果你很想指出别人犯的错误时，请读一读下面摘自哈维·罗宾森的《下决心的过程》一书中的一段话：“我们有时会在毫无抗拒或被热情淹没的情形下改变自己的想法，但是如果有人说我们错了，反而会使我们迁怒于对方，更固执己见。我们会毫无根据地形成自己的想法，但如果有人不同意我们的想法时，我们反而会全心全意维护自己的想法。显然不是那些想法对我们珍贵，而是我们的自尊心受到了威胁……”

我们想想，自己在说“不”、心里同时想着的也是“不”时，身体是处在怎样的一种状态？那大概会是整个的身体组织——从内分泌到神经再到肌肉——全部收缩、凝聚成一种抗拒状态，一种拒绝接受的状态。当然，情况若是相反，说着“是”，心里的本意也确为“是”时，就没有这种收缩现象发生，身体组织呈现的也是前进、接受和开放的状态。

当我们错的时候，也许会对自己承认。而如果对方处理得很巧妙而且和善可亲，我们也会对别人承认，甚至以自己的坦白率直而自豪。

换句话说，不要跟你的顾客或对手争辩。别说他错了，也不要刺激他，而要运用一点外交手腕。因此，如果你要使别人同意你，切记：“尊重别人的意见。切勿指出对方错了。”

有一个国外案例说的是，一位名叫卡尔的卖砖商人，由于另一位对手的竞争而陷入困难之中。对方在他的经销区域内定期走访建筑师与承包商，告诉他们：卡尔的公司不可靠，他的砖

块不好，其生意也面临即将歇业的境地。

卡尔对别人解释说，他并不认为对手会严重伤害到他的生意。但是这件麻烦事使他心中生出无名之火，真想“用一块砖来敲碎那人肥胖的脑袋作为发泄”。“有一个星期天的早晨，”卡尔说，“牧师讲道的主题是：要施恩给那些故意跟你为难的人。我把每一个字都吸收下来。就在上个星期五，我的竞争者使我失去了一份25万块砖的订单。但是，牧师却教我们要以德报怨，化敌为友，而且他举了很多例子来证明他的理论。当天下午，我在安排下周日程表时，发现住在弗吉尼亚州的我的一位顾客，正因为盖一间办公大楼而需要一批砖，而所指定的砖的型号却不是我们公司制造供应的，但与我竞争对手出售的产品很类似。同时，我也确定那位满嘴胡言的竞争者完全不知道有这笔生意。”

这使卡尔感到为难，是遵从牧师的忠告，告诉给对手这笔生意，还是按自己的意思去做，让对方永远也得不到这笔生意？

那么到底该怎样做呢？

卡尔的内心挣扎了一段时间，牧师的忠告一直盘踞在他心里。最后，也许是因为很想证实牧师是错的，他拿起电话拨到竞争对手家里。

接电话的人正是那个对手本人，当时他拿着电话，难堪得一句话也说不出来。但卡尔还是礼貌地直接告诉他有关弗吉尼亚州的那笔生意。结果，那个对手很是感激卡尔。

卡尔说：“我得到了惊人的结果，他不但停止散布有关我的谎言，而且甚至还把他无法处理的一些生意转给我做。”

卡尔的心里也比以前感到好多了，他与对手之间的阴霾也消散了。

以德报怨、化敌为友，这就是迎战那些终日想要让你难堪的人所能采用的最上策。

8. 学会放弃报复

报复是把双刃剑，在伤害别人的同时，也会划伤自己。人非圣贤，要去爱自己的敌人也许真的有点强人所难，但出于自身的健康与幸福考虑，学会宽恕敌人，甚至忘却仇恨，也不失为一种明智之举。

印度著名的文学家泰戈尔曾经讲过一个故事：

一位画家在集市上卖画，有一天，他看见不远处前呼后拥地走来一位大臣的小少爷。画家知道这位大臣在年轻时曾经把画家的父亲欺辱、迫害得忧郁而死，画家的心底不由涌起一阵仇恨的情绪。但这位小少爷并不了解这一切。

这孩子被画家的作品深深吸引住了，他在画家的作品前流连忘返、不忍离去，他看中了其中一幅。画家却用一块布把那幅画盖住，并声称不卖给他。这位小少爷却是位痴情任性的人，对那幅画始终难以割舍，不能忘怀。从此以后，这孩子因为想得到这幅画而得了心病，日渐憔悴。

最后，他父亲出面了，表示愿意为这幅画付一笔高价。可是，画家宁愿把这幅画挂在他画室的墙上，也不愿意出售。他阴沉着脸坐在画前，自言自语地说，"这就是我的报复。"

每天早晨，画家都要画一幅他信奉的神像，这是他表示信仰的唯一方式。可是，慢慢地，他觉得这些神像与他以前画的神像的形态日渐相异。这使他苦恼不已，他费尽心思地找原因，却毫无所获。后来，有一天，他惊恐地丢下手中的画，跳了起来：他刚画好的神像的眼睛，竟然是那位大臣的眼睛，连嘴唇也是那么的相似。他把画撕碎，高喊道："我的报复已经又回报到我的头上来了！"

就像家鸽总会回家，报复也总会回到自己的头上。生活就是这样，面对别人的伤害，刻意的报复往往结局并不乐观，最后的结果与其说是报复了自己的敌人，不如说是更深地伤害了自己。

还有这样一个故事：

一个智者和一个朋友一起去旅行。经过一处山谷时，智者失足滑落，幸而朋友拼命拉他，才将他救起。于是，智者在附近的大石头上刻下了一行字：某年某月某日，某某朋友救了某某一命。

两个人继续走了几天，来到一处河边，朋友跟智者为了一件小事吵起来，朋友一气之下打了智者一个耳光，于是智者跑到沙滩上写下了一行字：某年某月某日，某某朋友打某某一个耳光。

不久，他们回来了。有人好奇地问智者为什么要把朋友救他的事刻在石头上，而将朋友打他的事写在沙滩上？智者回答道："我永远都感激朋友救我，至于他打我的事，我会随着沙滩上字迹的消失，而忘得一干二净。”

生活中，谅解可以产生奇迹，谅解可以挽回感情上的损失，谅解犹如一个火把，能照亮由怨恨复仇心理铺就的道路。“宽容中包含着人生的大道至理，没有宽容的生活，如在刀锋上行走。孩子，如果美德可以选择，请先把宽容挑选出来吧！”富兰克林曾这么谆谆教诲人们。美国前总统林肯曾对宽容做过很恰当的诠释。林肯对政敌向来以宽容著称，后来引起一位议员的不满，这位议员说：“你不应该试图和那些人交朋友，而应该消灭他们。”不料，林肯微笑着回答说：“当他们变成我的朋友时，难道我不正是在消灭我的敌人吗？”多么睿智的回答！当一个人用宽容把敌人转化为朋友，当一个人用宽容换来自身心灵的豁达，难道说他不是把最好的留给了自己吗？其实生活中更多的时候，宽容的受益人不是被宽容者，而是宽容者本身！报复别人无疑也是在报复自己，因为报复的同时，自己的心灵也难以解脱！换句话说：宽容别人无疑也是释放自己！

人非圣贤，要去爱自己的敌人也许真的有点强人所难，但为自身的健康与幸福考虑，学会放弃报复、宽恕敌人，甚至忘却仇恨，也不失为一种明智之举。

第五章　告别抑郁　拥抱快乐

1. 别让忧虑情绪害了自己

忧虑会使你患风湿症或关节炎而坐进轮椅，康乃尔大学医学院的塞西尔博士是世界知名的治疗关节炎的权威，他列举了四种最容易得关节炎的情况：婚姻破裂、财务上的不幸和难关、寂寞和忧虑、长期的愤怒。

忧虑甚至会使你长蛀牙。麦克戈尼格博士说："由于焦虑、恐惧等产生的不快情绪，可能影响到一个人身体的钙质平衡，而使牙齿容易受蛀。"麦克戈尼格博士提到，他的一个病人原本有一口很好的牙齿，后来他太太得了急病，使他开始担心起来。就在她住院的三个星期里，由于过分焦虑，他突然有了九颗蛀牙。

二战期间，美国大约有 30 万人死在战场上，可是在同一段时间里，心脏病却杀死了 200 万平民——其中有 100 万人的心脏病是由于忧虑和过度紧张的生活引起的。

美国南方的黑人却很少患这种因忧虑而引起的心脏病，因为他们处事沉着。死于心脏病的医生比农夫多 20 倍，因为医生过的是紧张的生活。

心理学家、哲学家安利·柏格森说过这样一句话："人始终没有悟出，其实自己的命运是可以自己创造的。"

我们也可以把"命运"换成"健康"，心理健康、身体健康实际上都是可以自己把握的。

的确人出生以后就有各自的心和身体，可是体弱多病的孩子长大以后很健壮；小时候唯唯诺诺后来却站在大舞台上成为歌唱家的例子数不胜数。

威尔就曾经体弱多病，在人面前一紧张就会脸红得“大红豆”似的。但是，他希望改变自己的心理和身体。

那么，他应该怎样做才可以使自己的心理往好的方向改变呢？威尔首先应该养成干什么都很快乐的习惯。

即使是一件很辛苦的工作也不要抱怨，应该想想它的意义和完成时的成就感等，往有利于自己的地方考虑。是积极地承担工作还是满腹牢骚地干，对精神影响是截然不同的。

只要有干什么都能找着乐的性格，就几乎没有什么讨厌的事。

到目前为止，你也做过许多辛苦的、不感兴趣的工作，可是做完以后你的心情就会大不一样，“太好了、干得这么漂亮”的那种满足感会让你非常兴奋，所以，即使是通宵达旦地工作，第二天你的心情会依旧轻松愉快。

是积极地生活还是满腹牢骚，的确对你的精神影响是截然不同的。

2. 每天都在微笑的人最快乐

所有的才干、知识、学历都是你在这个世界上的谋生手段，生命的终极意义其实仅是“快乐”二字。所以无论高低贵贱，每天都开心地微笑的人才是聪明的人、最快乐的人。

你或许会以为拥有多种“唬人”头衔的人就一定比一个普通百姓聪明，但是专业领域的知识积累未必是聪明与智慧。也就是说，如果我们认为一个人受过很高的教育，获得了很高的文凭，或者在某一方面成绩突出，如教学、科研、文学、从政或经商等，他就比人家“聪明”，我们就会一刻不停地往自己头脑中堆积各种先进的知识，埋头于无穷无尽的知识海洋中。但有一天我们会发现，我们拥有了知识，却不会生活。

要主宰自己首先就要摒弃一些人们习以为常的、甚至误以为是真理的观念。

事实上，衡量一个人智力水平的更切实际的标准在于——你能否每天、甚至每时每刻都真正幸福而快乐地生活。如果你能运用自己的实际条件，寻求属于自己的幸福，充分利用和享受生命的每一分钟，你就是一个聪明的人。

有的人尽管没有什么高文凭，但却机敏灵活，善于解决生活实际问题，会有一种成功和满足感。有时候有些困难难以解决，但仍然能够使自己保持精神愉悦，或至少不让自己不愉快，那么，这也是一种智慧。聪明的人懂得享受生活，甚至在苦中也能作乐，他成天都开心地笑着，满足地唱着，而愚蠢的人可能有能力解决问题，却无法融入生活、寻找快乐。

一个人的聪明智慧说到底就是关于人生的学问，而不完全局限于一事一物、一个领域。可悲的是许多人在学校中掌握了大量的知识，在工作实践中积累了许多技能、经验，他们可以解决工作问题，拥有各种职称头衔，但却领悟不到生命的真谛，永远埋头于无休止的追求中，无法让自己的心灵得到片刻的安宁，也无法领略生命的愉悦。

例如，凤凰卫视主持人吴小莉曾在自传中作过这样的记述：

记得4年前在香港电视台要做一个关于生活的节目，两位主持人必须先在片头词上说一两句对生活的感受，我想都不想就说出以下这句话：“我希望我的生活是不断快乐的积累。”

这是我的梦想，至今仍在努力实践它。快乐是需要智慧的。高中时一位英文老师曾对全班同学说了一段让我印象深刻的话：“世界上什么人最快乐？只有高度智能不足者最快乐，因为他们单纯得不明白什么叫不快乐，但是在座的各位没有这种单纯快乐的能力，所以唯一的方法，就是让自己聪明一点，懂得寻找人生的快乐！”

我有一位朋友十分聪明，而更让我欣赏的是他对人生的坚毅和积极乐观，他

说他喜欢这样一段话："When you are over thirty years old，you'll never get older but wiser."（当你年过 30 岁，你永远不会再老了，只会变得更聪明）。我把这段话送给所有害怕过生日会老一岁的朋友。

所有的才干、知识、学历都是你在这个世界上的谋生手段，生命的终极意义其实仅是"快乐"二字。所以无论高低贵贱，每天都开心地微笑的人才是聪明的人、最快乐的人。

3. 掌握好快乐的钥匙

日常生活中发生的一些小事，很容易影响到我们的情绪起伏，但真正能决定我们快乐与否的，关键还在于我们自己的选择：选择快乐，就会真的感到很快乐；选择悲伤，就会真的感到很伤心。其实，每个人心中都有一把"快乐的钥匙"，但我们却常在不知不觉中把它交给了别人去掌管。

一位女士抱怨道："我活得很不快乐，因为，我的先生常出差不在家。"她把快乐的钥匙放在了自己先生的手里。

一位妈妈说："我的孩子不听话，叫我很生气！"她把快乐的钥匙交在孩子手中。

男人可能说："上司不赏识我，所以我情绪低落。"这把快乐钥匙又被塞到老板手里。

婆婆说："我的媳妇不孝顺，我真命苦！"她把快乐钥匙放在了儿媳妇的手中。

年轻人从文具店走出来说："那位老板服务态度真恶劣，把我的肺都气炸了！"这把快乐钥匙已被他放在文具店老板的手心里。

无论何时，千万别忘了：决定我们内心快乐与否的，正是我们自己。

有这样一个故事：

杰里是一家餐厅的老板，他生性乐观。一次，杰里遭人抢劫，腹部被三颗子弹击中，生命十分危险。可是不久，他便出院了。

杰里的同事很惊讶："你的身体这么快就好了？"杰里哈哈一笑："当然，想不想看一看我的伤疤呀？""可是，你的伤势实在是很严重啊！中弹时，你在想些什么呢？”同事不解地问。杰里拍了拍同事的肩膀：“我想到我有两种选择，一是选择生，一是选择死，而我毫不犹豫地选择了生。所以，我认定我去的那家医院是全国最好的，那里医生的技术更是一流的。”杰里喝了点水继续说：“可是，我感觉他们在手术时好像是把我看成死人来治疗了，于是，我向医生们做了个鬼脸，使劲地喊了起来：‘啊，我过敏呀！’他们问我对什么过敏，我指了指小腹，假装哭了起来：‘肚子里有三颗子弹啊！’那时，我简直像个孩子，惹得医生们都大笑了起来。就这样，我的手术顺利地做完了，而我也从死人变成了活人。”

一天，一个朋友问杰里：“我不明白，你不可能一直都保持积极乐观吧，你是怎样做的？”杰里笑着回答说：“每天早晨我醒来后，我对自己说：‘杰里，今天，你有两种选择，你可以选择一个好心情，也可以选择一个坏心情——我选择了好心情。每当坏事发生的时候，你可以选择成为受害者，也可以选择吸取教训——我选择了吸取教训。每当有人向我抱怨时，你可以选择听取抱怨，也可以给他们指出生活中积极的一面——我选择了指出他们生活中积极的一面。其实，生活不就是由这么多的选择构成的吗？’”

面对生活中发生的一些挫折或不幸，与其垂头丧气地哭泣或哀嚎，不如把烦恼和恐惧放置一旁，唱支动听的歌，放松自己，也鼓舞他人。心态乐观的人，“快乐的钥匙”会时刻掌握在自己手中。在每天面对快乐和悲伤的选择时，心态乐观的人会毫不犹豫地选择快乐！

下次，当你感到不快乐的时候，你就需要反思一下：属于你的“快乐的钥匙”，你会选择放在哪里呢？

4. 快乐容易互相传染

一个人的微笑，比高贵的穿着更重要。笑容能照亮所有看到它的人，它像穿过乌云的太阳，带给人们温暖。

行动比言语更具有力量，而微笑所表示的是：我喜欢你。你使我快乐。我很高兴见到你。这就是为什么宠物狗这么受人欢迎的原因。一个婴儿的微笑也有相同的效果。

你是否在医院的候诊室待过，看着四周的病人和他们沉郁的脸？密苏里州雷顿市的兽医史蒂芬·史包尔博士提到，有一年春天，他的候诊室里挤满了顾客，带他们的宠物准备注射疫苗。没有人在聊天，也许每一个人都想了一件以上该做的事情，而不是坐在那儿浪费时间。大约有六七个顾客在等着，之后又有一位女顾客进来了，带着她 9 个月大的孩子和一只小猫。幸运的是，她就坐在一位先生旁边，而这位先生已等得不耐烦了。可是他发觉，那孩子正抬着头注视着他，并对他无邪地笑着。这位先生反应如何呢？跟你我一样，当然他也对那个孩子笑了笑。然后他就跟这位女顾客聊起她的孩子和他的孙子来了。一会儿，整个候诊室的人都聊了起来，整个气氛就从乏味、僵硬而变成了一种愉快。

密西根大学的心理学家詹姆士·麦克奈尔教授谈到他对笑的看法时说：有笑容的人在管理、教导、推销上较会有功效。经常面带笑容的父母更可以培养快乐的下一代，笑容比皱眉更能传达你的心意。这就是在教学上要以鼓励代替处罚的原因所在了。一个纽约大百货公司的人事经理说，他宁愿雇用一名有可爱笑容而没有念完中学的女孩，也不愿雇用一个摆着扑克面孔的哲学博士。

笑的影响是很大的，遍布美国的电话公司有个项目叫“声音的威力”，在这个项目里，电话公司建议你，在接电话时要保持笑容，而你的“笑容”是由声音来传达的。

拿破仑·希尔鼓励成千上万的商人，花一个星期的时间，每天都对别人微笑，然后再回到班上来，谈谈所得到的结果，便能感悟颇深，深受启发。看到拿破仑·希尔的建议后，纽约证券股票场的一名叫威廉·史坦哈的人曾有过这样的切身体验，下面是他写给拿破仑·希尔的回信：

我已经结婚 18 年多了。在这段时间里，从我早上起来，到我要上班的时候，我很少对我太太微笑，或对她说上几句话。我是百老汇最闷闷不乐的人。

自从我知道靠微笑的力量能改变我的现状后，我就决定试一个星期看看。因此，第二天早上梳头的时候，我就看看镜中我的满面愁容，对自己说，“你今天要把脸上的愁容一扫而空。你要微笑起来。你现在就开始微笑。”当我坐下吃早餐的时候，我以“早安，亲爱的”跟我太太打招呼，同时对她微笑。

这种做法改变了我的态度，在这两个月中，我们家所得到的幸福比去年一年还多。

现在，我要去上班的时候，就会对大楼的电梯管理员微笑着，说一声“早安”；我以微笑跟大楼门口的警卫打招呼；我对地下火车的出纳小姐微笑，当我跟她换零钱的时候；当我站在交易所时，我对那些以前从没见过我微笑的人微笑。我很快就发现，每一个人也对我报以微笑。我以一种愉悦的态度，来对待那些满肚子牢骚的人。我一面听着他们的牢骚，一面微笑着，于是问题就容易解决了。我发现微笑带给我更多的收入，每天它都带来更多的钞票。

我跟另一位经纪人合用一间办公室。他的职员之一是个很讨人喜欢的年轻人，我告诉他最近我所学到的做人处世哲学，我很为所得到的结果而高兴。他接着承认说，当我最初跟他共用办公室的时候，他认为我是个非常闷闷不乐的人——直到最近，他才改变看法。他说当我微笑的时候，我充满慈祥。

我也改掉批评他人的习惯。我现在只赞美他人，而不蔑视他人。我已经停止谈论我所要的。我现在试着从别人的观点来看事物，而这真的改变着我的人生。我变成一个完全不同的人，一个更快乐的人，一个更富有的人，在友谊和幸福方面很富有——这些也才是真正重要的事物。

从这位纽约证券股票场的工作人员的变化，我们可以看到，微笑对他的影响之大。如果你也想成为一个快乐人，不妨从现在起学会改变。

如果你不喜欢微笑，那怎么办呢？强迫你自己微笑，如果你是单独一个人，强迫你自己吹口哨，或哼一曲，表现出你似乎已经很快乐，就容易使你快乐了。已故的哈佛大学威廉·詹姆斯教授说：“行动似乎是跟随在感觉后面，但实际上行动和感觉是并肩而行的。行动是在意志的直接控制下，而我们能够间接地控制不在意志直接控制下的感觉。因此，如果我们不愉快的话，要变得愉快的主动方式是，愉快地笑起来，而且言行都好像是已经愉快起来……”

5. 尽享人生的三种快乐

天气好坏天说了算，心情好坏自己说了算。一个人心态好、心情好，世界上一切都变得很美好。反之，一切都会很灰暗，再好的东西都看不到。

法国杰出作家罗曼·罗兰说得好："一个人快乐与否，决不依据获得了或是丧失了什么，而只能在于自身感觉怎样。"有的人大富大贵，别人看他很幸福。可他自己身在福中不知福，心里老觉得不痛快；有的人，别人看他离幸福很远，他自己却时时与快乐邂逅。人生在世，不乏有许多喜怒哀乐之事。其中有些是客观存在而无法回避的，有些却是可以去寻求或争取的，快乐就是这样。因此，保持自己有个健康、愉快的心态十分必要。

1. 助人为乐

首先，人是社会中的一分子，"人"字一撇一捺，就意味着人与人之间必须相互依存，共同生存。其次，帮助人的过程，净化灵魂、升华人格。每个帮助过别人的人均会有一种满足感，有益于其精神健康，这或许就是一些慈善家和从事慈善事业之士的一种心态。再次，这又是一种感情投资，它可能会给你带来意想不到的回报，"滴水之恩，当涌泉相报"，此乃人之常情。特别在别人最困难之际，你伸出了援助之手，这将使人终生难以忘却。这就是知恩图报的道理。最后，古有明训"救人一命，胜造七级浮屠"，可见助人的意义与乐趣所在。

2. 知足常乐

俄国诗人涅克拉索夫的长诗《在俄罗斯，谁能幸福和快乐》，诗人找遍俄国，最终找到的快乐人物竟是枕锄而睡的农夫。是的，这位农夫有强壮的身体，能吃能喝能睡，从他打瞌睡的眉目里和他打呼噜的声音中，无不飞扬和流露出由衷的开心。这位农夫为什么能开心？不外乎两个原因，一是知足常乐，二是劳动能给人带来快乐和开心。

人的欲望是很难满足的：当你饥肠辘辘之时，最想得到的是能填饱肚子的食物，而平时却需要美味佳肴；当你口干舌燥之刻，最向往的是能解渴的任何饮料，而休闲时品尝的是香茗咖啡；当你初来乍到一个地方开始创业时，只求一个栖身之地，一旦站稳脚跟就要考虑置业购房，这一切均是人的正常需求，但关键在于必须知足，决不能超越自身的能力而一味追求或盲目攀比，否则，即使满足了需求，随之而来的也将会是不平静的生活。

一个人内心的平衡失去不得，这是人类心理学的基本课题之一。这平衡事关重大，小者涉及一个人的日子能否过得自在安宁，大则关系到一个国家的安定和命运。老子曰："祸莫在于不知足，咎莫在于欲得。"俗话说得好："他坐轿来我骑驴，仔细想想我不如；猛地回头看，还有挑脚汉。"

3. 自得其乐

就是即使人在背运倒霉的时候，也一定要想得开。人生是风水轮流转，本来这个世界上，月有阴晴圆缺，人有悲欢离合，十年河东十年河西，没有一个人永远走运，没有一个人永远倒霉。巴尔扎克讲过："苦难是生活最好的老师。"你现在倒霉，意味着光明就在前面，况且祸福相依存。所以，你要自得其乐，保持永远快乐的心情。除此以外，每个人在工作学习之余，都会有其爱好：有人喜欢琴棋书画，有人向往游山玩水，还有人酷爱体育活动，更有人热衷于种花养草。这样的生活才会丰富多彩，如此人生才有意义。否则生活少了这些乐趣，就像大热天里洗不上澡、冲不上凉一样。然而，凡事有个度，不能超越行事，否则就会玩物丧志，甚至适得其反。当然要杜绝那些酗酒、嗜烟、好赌等不良嗜好。

把恼人的事暂时放在一边。

在南太平洋上的一次激烈战斗中，一位战士的喉咙被弹片击伤，生命危在旦夕。为了抢救他，主治医师给他输了七次血。在抢救过程中，他曾写了一张字条问医生，"我还能活下去吗？"医生回答："没问题。"他又写道，"我还能讲话吗？"回答是肯定的。最后，他又写了一张字条："那我还担心什么呢？"

只要能活下来，能开口讲话，就没有什么可担心的了！这是多么豁达、乐观的人生态度！

生活中不顺心事十有八九，如果我们对每件事都担心不已，便不会有开心、快乐的时候。所以，要想开心快乐地过日子，对一些不愉快的事不要放在心上，就让它随风而逝吧！

为了培养积极的生活态度，一定要学习忘怀之道。忘怀之道，可以使我们

真正放下心中的烦恼和不平衡的情绪，让我们在失意之余，有机会喘一口气，恢复体力。脑子的作用，不只是帮助我们记忆，更是帮助我们忘怀。要排解多愁善感的情绪，把恼人的往事放在一边，不要让自己被种种纷扰所困，而要让愉快的心情时时陪伴自己。只有这样，我们才有良好的精神和体力去生活、去工作。

乐于忘怀是一种心理平衡。有一句话说："生气是拿别人的错误惩罚自己。"老是念念不忘别人的坏处，实际上深受其害的是自己的心灵，搞得自己狼狈不堪不值得。乐于忘怀是成功人士的一大特征，既往不咎的人，才能甩掉沉重的包袱，大踏步地前进。

从心理学角度看，无论你惦记的是快乐的往事还是悲愁憎恨，长期生活在过去的记忆里，就会与现实生活脱节，会严重影响心理健康和心智的发展。

忘怀，是忙碌时的树荫。它让我们在燥热疲倦时有机会休息，使体力恢复过来。然而，怎样才能做到忘怀呢？只有一个方法——放下。

哲学家康德是一位懂得忘怀之道的人，当有一天他发现自己最信任的仆人兰佩，一直在有计划地偷盗他的财物时，便把他辞退了。但康德又十分怀念他，于是，他在日记上写下悲伤的一行文字："记住要忘掉兰佩。"

真正说来，一个人并不能那么容易忘掉伤心的往事。不过，当它浮现出来时，我们必须懂得如何使自己不陷于悲不自胜的情绪，必须提防自己再度陷入愤恨、恐惧和无助的哀愁里。这时，最好的方法就是扭头去专心工作，计划未来，或者去运动，旅行。

学习忘怀之道，把许多愤恨的往事放下，日子久了，激动情绪就会越来越少，心灵和精神的活力就会得以再生，就会恢复原有的喜悦和自在。

有时候，我们的悲伤和内疚是因为自己做错事引起的，这时可以用补偿的方法来帮助忘怀。例如用诚恳的道歉，或者用其他方法补救，使自己身心保持平和。

其实，生活中的担心、忧虑往往是多余的，许多事情都进行得很顺利，只有极小部分会出现点麻烦，如果我们想要快乐，只需集中注意力在那绝大部分的好事上，不去太在意那微不足道的极小的部分就可以了。如果我们非要烦恼、抱怨，以致损伤身体，那当然也很容易，只要集中注意力在那一小部分不满意之处就可以办到。有首禅诗是这样写的：“春有百花秋有月，夏有凉风冬有雪。若无闲事挂心头，便是人间好时节。”

一个人如果学会了忘怀之道，不愉快的心情自然会消失，取而代之的将会是阳光灿烂、勃勃生机。

6. 一切都会过去

生命永远不可能再回到起始地点、起始时间，变化是宇宙间最恒久的规律，不管我们喜欢不喜欢，随着时光流逝，没有一样东西会停留不前，我们必须接受一切变化。

琳达的丈夫要调到距她的亲友千里之遥的一个城市去，这即将面临的变化令她非常沮丧，她认为自己将无法适应新环境，因此激烈地反对丈夫接受新职务，甚至暗自希望丈夫不要带她一起去。后来，有一位朋友劝她说，太阳虽在这个区域落下，却会在另一个区域升起。于是，她决定尽可能地去接受这个改变。

为了交新朋友，她参加了绘画班。在绘画班里，她显露出她从没想到的自己所具有的才华。不久之后，老师筹备了一次画展，琳达的作品竟然大受欢迎，从此，许多人向她求画，委托她画海景，她很快就成为水彩画家了。“我当时多么幼稚可笑，”她写信给她母亲说，“这次改变给了我一个机会，让我发挥出自己可能永不会发现的才能。”

假如我们学会欣然接受变化，从中求福，对眼前的种种难题和烦恼就能处之泰然，因为我们知道“这一切都会过去”。

记住，在你的人生中，一扇门如果被关上，必定会有另一扇门打开。

伊莉莎白·康妮学到了我们所有人迟早都要学到的事情，这就是我们必须深知覆水难收的道理。环境本身并不能使我们快乐或不快乐，我们对周围环境的反应才能决定我们的感觉。

那一天，伊莉莎白·康妮接到国防部的电报，说她的侄儿——她最爱的一个人，在战场上失踪了。

康妮一下子心烦意乱，寝食难安。过了不久，又接到了阵亡通知书。此时，她的心情无比悲伤。

在那件事发生以前，康妮一直觉得命运对自己很好。她说：“我有一份喜欢的工作，并顺利地养大了相依为命的侄儿。在我看来，我侄儿代表着年轻人美好的一切。我觉得我以前的努力，现在都应该有很好的收获。”

然而，现在却来了这样一份电报，她的整个世界都被粉碎了，她觉得再也没有什么值得自己活下去了，她找不到继续生存下去的理由。她开始忽视她的工作，忽视她的朋友，她抛开了生活的一切，对这个世界既冷淡又怨恨。“为什么我最爱的侄儿会死？为什么这么好的孩子，还没有开始他的生活就离开了这个世界？为什么让他死在战场上！”她觉得自己没有办法接受这个事实。

她悲伤过度，决定放弃工作，离开家乡，把自己藏在眼泪和忧伤之中。就在她清理桌子准备辞职的时候，突然看到了一封她已经遗忘了的信，这是一封她的侄儿生前寄来的信。当时，他的母亲刚刚去世。侄儿在信上说：“当然，我们都会想念她的，尤其是你。不过，我知道你会平静度过的，你总是积极地面对人生，我相信你一定能够坚强起来。我永远不会忘记那些你教给我的美丽真理。不论我在哪里生活，不论我们分离得多么遥远，我永远都会记得你的教导，你教我要微笑面对生活，要像一个男子汉，要承受发生的一切事情。”

康妮把那封信读了一遍又一遍，觉得侄儿似乎就在自己的身边，正在向自己说话。他好像在对她说：“你为什么不照你教给我的办法去做呢？坚持下去，不论发生什么事情，把你的悲伤藏在微笑的下面，继续生活下去。”

侄儿的信给了康妮莫大的鼓舞，让她觉得人生又充满着希望。康妮又回去工作了，她不再对人冷淡无礼。她一再对自己说："事情到了这个地步，我没有能力改变它，不过，我能够像他所希望的那样继续活下去。"

康妮把所有的思想和精力都用在工作上，她写信给前方的士兵——给别人的儿子们。晚上，她参加成人教育班。康妮要找到新的兴趣，结交新的朋友。她几乎不敢相信发生在自己身上的种种变化。她说："我不再为已经过去的那些事悲伤，现在我每天的生活都充满了快乐，就像我的侄儿要我做到的那样。""昨天已成灰烬，明天还是薪柴，只有今天才是熊熊燃烧的烈火。"这是一句因纽特人的谚语。

人们每天都有快乐从身边走过，但问题是如何才能抓住快乐，每一天过得都非常有意义。早上，当你醒来时，不要立即穿衣洗漱。躺在被窝里，花一点时间，慢慢去体会一下你的感受。伸展开你的胳膊，然后慢慢蜷起来，把脚放在床上。提醒自己今天到来了，回想一下快乐的事，让自己真正"清醒"。把自己想象成一个具有明亮眼睛，浓黑头发，整装待发的人。让自己精神焕发！

深呼吸三次，新鲜的空气可以激励人的心绪。抖落昨日的一切不顺心，大声喊："我已经把昨天的一切不愉快忘掉了。"然后把脚挪到床边站起来。想象美好的一天开始了！举起胳膊，深呼吸，想象太阳的光芒照耀在你的脸上，给你带来了新的希望和快乐。放下胳膊，紧握双手，做一个小小的总结，比如"我是一个充满活力的人"。

1. 欣赏大自然

不管你是在城市，还是在乡村，是在海边，还是在山林中，你总能找到大自然的精彩所在。青蛙背上的条纹，篱笆背后的菊花散发出的芳香，钻石折射出的耀眼光芒等等，这些都使我们感到大自然是如此博大精深。我们是如此的幸福，我们生活在多姿多彩的世界上，在高山，在荒野，在河边，在动物群中，在植物丛里，我们呼吸着新鲜的空气，脚踏着厚实的土壤，共同开发着大自然。世上许多伟大的教诲都是激励我们去开发自然，但又要忠于自然。然而遗憾的是，现在都市生活的人们往往被高楼大厦和各种烟雾遮住了眼睛，与大自然隔离了，不过这也没有什么。以下给你提供一些有用的建议：

（1）集中注意力在身边的某一棵植物上。

认真观察它的形状、颜色和质地，然后去思考它与其他植物，与它旁边的一切景物，与蓝天是如何和谐完美地组成一个风景的。

（2）让你的窗外充满风景。

每天欣赏一下窗外的自然风景可以使你心境平和，精神爽快。一项研究表明，刚刚做过手术的病人如果每天能够看到窗外的绿树，就可以减少止疼药的服用量，还可以消除消极的情绪。而那些一天到晚盯着墙壁的患者，往往忧心忡忡，情绪低落。如果你的窗外没有美丽的风景，那就在你的室内挂起一幅瀑布或是森林的风景画吧！

（3）出去走走。

忙里偷闲出去走走，看看周围的风景，特别是找一些自然风景，让它来调解你的情绪。如在公园，就看看树木绿草；如在城市，就看看天上飘浮的白云，这时你会发现你被美好的事物包围着。

2. 平衡理性与感性

许多时候，我们的感性与理性总是不太平衡。其实，只要协调得当，我们的生活将会更轻松而美好。“我并不喜欢这件衣服，可是店员推销了半天，讲得嘴都干了，不买不好意思，就买啦！”“你管她嘴巴干不干，不喜欢就别买呀！干吗浪费时间听她乱说！”这是人的感性与理性的对话。

选购一样物品，如果考虑其品质、价格、实用性等，这是理性在做主；如果甩不开人情、偏好、直觉等，这是感性在当家。理性太强，易让人感觉冷酷、功利、绝情、自私；感性太强，总让人感觉软弱、犹豫、没主张、好说话。

乙太太给甲主妇推销了一台洗碗机，由于体积太大，且声响吵人，所以并不实用。甲主妇想退货，但怎么也开不了口，只好搁在储藏室，可每看一眼就心疼一次。因为怕别的主妇也有相同遭遇，她便在聊天时提醒大家不要购买。这番提醒传入了乙太太的耳朵里，两人的关系便因此而搞僵了。

甲主妇因为感性太强，在不好意思拒绝的情况下买了洗碗机，又在将心比心的情况下劝别的主妇不要购买。乙太太因为理性太强，在考虑业绩的情况下，将并不实用的洗碗机推销给他人，又在名利丧失的情况下与客户翻脸。

如果甲主妇能多些理性，在购买前要求试用，或言明不实用即退还，便不致有后头的僵局，如果乙太太能多些感性，确定产品的实用性，并熟知购买者心理后再推销，便不致被邻居们拒绝。

许多时候，我们的感性与理性总是不太平衡。比如，母亲在理性做主下，望子成龙，她帮儿子报了四种才艺班，将儿子的课外时间排得满满的，这令儿子喘不过气来，不得已与母亲发生了争执。如果母亲能提升感性，让感性与理性并重，她就会感受儿子的不愉快，并且认识生活不该只着重于将来，而该让儿子享受学习的快乐。

平时我们处理、决定事情，并不会感觉到理性、感性的存在，以致事后懊悔或得罪人。其实，人们都具有理性和感性，只是不平衡而已。只要协调得平衡，你的生活将会更轻松而美好。

3. 爱人先要爱自己

有一位哲学家说："要想让人接受你，你必须首先接受自己。"自我接受或自我肯定是通向快乐的第一步。自爱和自我认同并非轻易就能做到，但只要每天持续为之努力，最终必能成功。只有对自己满意了，才能拥有快乐。下面这些策略值得你注意，不妨试一试。

（1）相信自己。

工作时应尽力带着"我有能力干好这件事"的想法。消灭你大脑中存在的所有"要是没有……就好了""是的，但是"的念头，我们往往忽略了这种消极的自言自语会让我们失掉自信心。如果你的想法很消极或者时常贬低自己，那将会伤害自己的健康心理。如果你学会了清除消极的想法，防止消极思想的产生和蔓延，你的感觉将会更好，工作也将会更出色。

（2）每天给心情做记录。

将它记在你的日记或日历上，找一下到底是什么原因使你的心情沮丧，将它们记录下来，然后逐个消灭。

7. 感恩之心是快乐的秘诀

奥曼说："我已经比我梦想的还要富裕，可是我还是感到悲伤、空虚和茫然。钱财居然不等于快乐！我真的不知道什么东西才能带来快乐。"像奥曼那样，为钱奋斗了大半辈子才悟出"有钱不一定快乐"的人比比皆是。

听说过吗？以写《达到经济自由的9个步骤》一书而成名并致富的奥曼自己买得起劳力士手表和名牌服饰，开得起豪华跑车，也能够到私人小岛度假，却坦白承认她没有满足感，甚至有好友在旁，她仍然感到寂寞。

她如果肯在圣诞假期当中静下心来读读普拉格的《快乐是严肃的题目》这本书，她会感悟出，感恩之心是快乐的秘诀。

普拉格在书中引述了一个观点，就是人之所以不快乐，就是因为人本身出了问题，问题很简单，只要你把有问题的部分修理好就行了。根据他的看法，不知感恩是造成我们不快乐的一大原因。特别是在布施礼物的"快乐假期"里，他提醒做父母的应该好好教导孩子知道感恩与满足。他认为："如果我们给孩子太多，让他们期望越来越大，就等于把他们快乐的能力给剥夺了。"他认为做父母、做长辈的有责任要求孩子们学会从心里说"谢谢"。

知足也是快乐的基本要素。心理学家说，佛家早就看出，人类不快乐的最大原因是欲望得不到满足、目标不得实现；而美国文化培养出来的普拉格则详细区分"欲望"与"期望"，他说虽然欲望也许有碍快乐，却是"美好人生"不可缺少和无法消除的成分；期望则是另一回事，例如，我们期望健康，但得付出代价。

普拉格举例说，某一天你发现身上长了个瘤，你心怀忐忑找医师检查。一个礼拜后，当听到良性瘤的诊断结果时，你会感到这一天是你一生中最快乐的一天。

事实上，这一天和你怀疑身上有瘤的那一天一样，生理上的健康情形并没有改变，如今你却快乐得不得了，为什么？因为今天你并没有期望自己会很健康。

各行各业的人努力工作，我们才有一切衣食器具与避风寒的屋宇，天下各

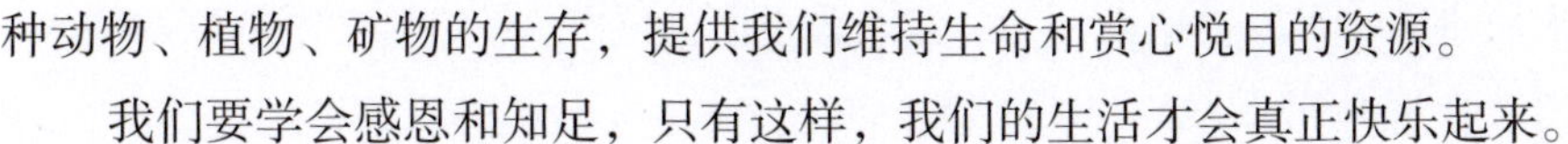

种动物、植物、矿物的生存，提供我们维持生命和赏心悦目的资源。

我们要学会感恩和知足，只有这样，我们的生活才会真正快乐起来。

8. 在给予别人时感受快乐

生活对 50 岁的黛比来说似乎显得有些残酷，丈夫去世不久，儿子又坠机身亡，她被悲伤和自怜的感情所包围，久而久之得了忧郁症，甚至产生了自杀的念头。一位智者劝她去做些能使别人快乐的事情。

可是，一个 50 岁的女人能做些什么呢？黛比想了一整夜，终于想到一个主意。她过去喜欢养花，自从丈夫和儿子去世后，花园都荒废了。她听了智者的劝告，开始修整花园，撒下种子，施肥灌水。在她的精心照料下，花园里很快就开出了鲜艳的花朵。从此，她每隔几天便将亲手栽种的鲜花送给附近医院里的病人。她给医院里的病人送去了爱心和温馨，换来了一声声的感谢。这些美好的感谢轻柔地流入她的心田，治愈了她的忧郁症。她还经常收到病愈者寄来的卡片和感谢信。这些卡片和感谢信帮助她消除了孤独感，使她重新获得了人生的喜悦。有心理学家认为，三分之一的忧郁症患者，只要愿意帮助别人，就能够治愈自己。

斯宾塞说：“善是灵魂上的健康。”从这个故事中，我们发现“与人为善”对身体的健康也同样有益。所以，我们在与人为善的同时，自己也会得到善报。一位盲人在夜晚走路时，手里总提着一个明亮的灯笼，别人看了很好奇，问他：“你自己看不见，为什么要提着灯笼走路？”

盲人微笑着说：“我提着灯笼并不是给自己照路，而是为别人提供光明，帮助别人。同时，手提着灯笼，别人也容易看到我，不会撞到我身上，这样也保护了我自己。”善恶是一字之差、一念之差，然而产生的后果却截然不同。人与人是密切联系着的，人群是一个整体，你伤害了别人，你心中的善便被恶所压倒，你自己也被愧疚、后悔、惊恐所折磨。因此，与人相处，一定要记住这一点，不管是对你的领导、同事、下属或顾客、朋友及家人，要做到让他们知道你在关心他们的一切愿望。要实现这一目的的办法是用善意的、亲切的、温和的态度与人交往。那么，对方也会以此相报，这岂不是达到了和谐相处吗？

如同古人所讲的“勿以善小而不为，勿以恶小而为之”。善的要义便是以诚待人，富有同情心，将心比心。

其实，善恶之辨最能体现一个人的人格魅力。如果一个人仅凭自己的好恶而活着，那么他的自我感受也好，利害得失也好，都很难持久。一个人只有具有善的力量，才能吸引别人。在众多巨商的成功历程中，也许大家都会注意到，他们有一个共同的举措，即在发财致富中，注重解囊做各种善事和公益事业。

王符在《潜夫论》中说：“积善多者，虽有一恶，是为过失，未足以亡；积恶多者，虽有一善，是为误中，未足以存。”人这一辈子，做一件好事容易，难的是做一辈子好事。与人为善，更应当从小事做起、从身边做起，广结善缘。

在漫漫的人生路上，你如果觉得孤寂，或者觉得道路艰险，那你不如每天都想办法能使别人快乐，这样快乐就会飞到你的身边，使你远离精神科医生。《圣经》里有句话，叫“施，比受更幸福”，意思是：我们从别人那里得到时，会觉得快乐；但当我们在给予别人时，会感到更大的快乐。因为爱的表现是无保留地奉献，而其结果却是无偿地获取。你在送别人一束美丽的玫瑰时，自己的手中也留下了最持久、最浓郁的芳香。

事实上，我们每个人都能够以自己的一部分力量帮助他人。不管我们做什么工作，我们都可以在心中培养一种炽烈的愿望去帮助他人。一次微笑、一句亲切的话，或是发自内心的温暖的感激、喝彩、鼓励、信任和称赞就可让人感受到快乐。

当我们把自己的东西与别人分享时，我们留下的东西就会扩大和增加。因此，我们要与别人分享好的和值得向往的东西。帮助的人越多，得到的也就越多，甚至是重获生命。

卡耐基认为，多为别人着想，不仅能使你不再为自己忧虑，也能帮助你结交很多的朋友，并得到很多的快乐。

某杂志社曾向一些人做调查：“你最欣赏的品质是什么？”大部分人的回答是：“助人为乐。”而调查中问到：“当别人遇到困难的时候，你会怎么办？”大部分人的选择是“悄悄走开”。殊不知“人”字是由一撇一捺巧妙地构架起来的，具有高度的稳定感和平衡感。这不正启迪我们要在互相帮助和互相支撑中走完我们的人生旅途？人是一种具有七情六欲的高等动物，在遇到困难和挫折的时候，我们需要的不仅是自我安慰，他人轻声的安抚和温热的手掌更是我们所渴求的。

9. 不要烦恼明天的事

你是否总是瞻前顾后，为不可知的未来顾虑重重？你是否总是莫明地担心考试不能过关，毕业就面临失业？你是否为将和同事如何相处而忧虑，担心自己适应不了公司里的勾心斗角？你是否总是为将来一个人怎么独立生活而发愁，害怕一个人独处的寂寞？你也许会说：现在生活中的压力太大了，一个人难免会产生种种的猜疑和忧虑，可是实际情况是，猜疑和顾虑并不能解决任何问题。

智者云："不要烦恼明天的事，明天自有明天的安排，只要把全副精力集中在今天就行了。"

许多人或许觉得不要忧虑明天的事是难以做到的，他们说："我们不能不打算明天的事。为了保护自己的家人而不得不办保险，不能不为年迈而存钱，不得不为出人头地而努力，不得不为将来的生计有所准备。"我们是应该为明天而细心计划，但是绝不应该浪费时间去无谓地担心。

人性最大的失误在于只会憧憬地平线那端神奇的风景，却不知道回过头来看一看自家窗外正盛开着的玫瑰花。为什么我们常常愚蠢到这种地步而不自知，多么可怜而又可悲的人啊！

有人讲了这样一个有趣的故事：

一个人被老虎追赶，他拼命地跑，一不小心掉下悬崖，他眼疾手快抓住了一根藤条，身体悬挂在空中。他抬头向上看，老虎在上边盯着他；他往下看，万丈深渊在等着他；他往中间看，

突然发现藤条旁有一个熟透了的草莓。现在这个人有上去、下去、悬挂在空中和吃草莓四种选择，你们说他干什么？对，他吃草莓，这叫临死前捞一口，吃草莓这种心态就是活在当下。你现在能把握的只有那颗草莓，就要把它吃了。有人说，马上就要死了，还吃什么？可是他不是还没死吗？机会在动态中出现，没准儿老虎走了，他还可以爬上来。如果你把这个问题问幼儿园的孩子，孩子一定会毫不犹豫回答，吃草莓。孩子比我们大人快乐，因为他们活在当下。

人生的旅途是多么的奇妙！小时候我们成天说："如果我长大多好。"一旦长成大人时又会说："如果我结婚了多好。"但结婚之后想法又突然变成："如果退休了多好。"而一旦退休，脑中又浮现出昔日生活中的情景："这种日子真是孤苦单调，为什么会错失过去那美好的一切？"于是，又开始怀念过去的一切。然而太迟了，逝去的一切是再也不可能从头来过了。法国哲学家蒙田也犯过这种错误，他说："一段时间里，我的生活充满灾难性的恐慌，然而其大部分并未真正发生，而是莫名的焦虑使我困惑与不知所措。"

下面是一个有趣的故事：

在撒哈拉大沙漠中，有一种土灰色的沙鼠，每当旱季到来之时，这种沙鼠都要屯积大量的草根，以准备度过这个艰难的日子。因此，在整个旱季到来之前，沙鼠都会忙得不可开交，在自家的洞口上进进出出，满嘴都是草根。从早起一直到夜晚，辛苦的程度让人惊叹。

但有一个现象却很奇怪，当沙地上的草根足以使它们度过旱季时，沙鼠仍然要拼命地工作，仍然不停地寻找草根，并一定要将草根咬断，运回自己的洞穴，这样它们似乎才能心安理得，才会踏实，否则便焦燥不安，嗷嗷叫个不停。而实际情况是，沙鼠根本用不着这样劳累和过虑。经过研究证明，这一现象是由于一代又一代沙鼠的遗传基因所决定的，是沙鼠出于一种本能的担心。老实说，担心使沙鼠干了大于实际需求几倍甚至几十倍的事。沙鼠的劳动常常是多余的，毫无意义的。

一只沙鼠在旱季里需要吃掉两公斤草根，而沙鼠一般都要运回十公斤草根才能踏实。大部分草根最后都腐烂掉了，沙鼠还要将这些腐烂的草根清理出洞。

曾有不少医学界的人士想用沙鼠来代替小白鼠做医学实验，因为沙鼠的个头很大，更能准确地反映出药物的特性。但所有的医生在实践中都觉得沙鼠并不好用。其问题在于沙鼠一到笼子里，就表现出一种不适的反应。它们到处在找草根，连落到笼子外边的草根它们也要想法叼进来，尽管它们在这里根本不缺草根和任何吃食，但它们还是习惯性地不能踏实。

尽管在笼子里的沙鼠可以用“丰衣足食”来形容它们的生活，但它们还是一个个地很快就死去了。医生发现，这些沙鼠是因为没有屯积到足够草根的缘故。这是它们头脑中的一种潜意识决定的，并没有任何实际的威胁存在。确切地说，它们是因为极度的焦虑而死亡，是来自一种自我心理的威胁。

这就很像是我们现代人了。在现实生活里，常让人们深感不安的事情，往往并不是眼前的事情，而是那些所谓的“明天”和“后天”，是那些还没有到来，或永远也不会到来的事物。

而一般人当下都是有吃有穿，不愁什么，甚至没有任何事情能对其构成威胁。但人们总是不踏实，总是为将来会如何而发愁，是这种担心，令人深深地感到不安。

这也正像医学界的实验所一再证明的那样，焦虑是使人寿命减短的最大因素之一。因为焦虑与抑郁，紧张和惊恐是互相联系的。它们对人类的伤害超过了许多疾病，许多疾病都是来自焦虑和紧张。

“活在当下”是先哲们一再告诉我们的名言。因为只有“活在当下”才是最愉快、最幸福、最安稳、最科学的一种活法。

我们无论如何不能活得像沙鼠，不能为明天而焦虑，甚至为明天而死去。总结人的一生，有许多担心都是没有必要的。人世无常，其实谁也说不准明天的事情。我们为什么要为明天而活得如此不快和劳累呢！但丁说：“切记，今天是永远不会重来的。”是的，人生犹如白驹过隙，“今日”是我们唯一能把握的有价值的东西。

因此，为古人担忧，为不可知的未来担忧，不如把全部身心投入到目前的生活中，把当前最要紧的事情做好。一切顺其自然，不是很好吗？

10. 珍视心灵的宁静

真正的幸福来自发现真实独特的自我，也就是要你永远珍视心灵中的那份宁静。

一位社会观察家指出：“财富、健康和幸福的关系并不像很多人想象的那样明确。事实上，有许许多多的人是在令人难以察觉的绝望状态下生活的。这在工业化程度高的地方，尤为严重。”有一项调查显示，在美国社会中，一对夫妻一天当中只有 12 分钟时间进行交流和沟通；一周之内父母只有 40 分钟与子女相处；约有一半的人处于睡眠不足的状态。

时间的危机实际上是感情的危机。大家好像每天都在为一些大事疯狂地忙碌，然后疲惫不堪，没有时间顾及其他。也就是说大家都在劳动，都在创造，但是，生活真的变好了吗？

美国心理学家戴维·迈尔斯已经证明，财富是一种很差的衡量幸福的标准。人们并没有随着社会财富的增加而变得更加幸福。在大多数国家，收入和幸福的相关性是可以忽略不计的；只有在最贫穷的国家，收入才是适宜的标准。在富裕国家里，健康似乎更多地受到收入分配方式而不是平均收入水平的影响，与绝对贫穷相联系的物质匮乏对健康的实际影响并不十分重要；相比之下，社会不平等造成的相对贫穷的心理和社会结果对健康的影响却比较大。

抛开这些抽象的理论不说，物质的进步有时确实使人们作茧自缚。举一个很简单的例子，电话、传真、电子邮件已经成为工作中不可缺少的帮手，不过，如果一项工作每天都面对源源不绝的电子信息，就很可能产生“信息疲乏并发症”。许多企业界的经理人和信息业的工作者抱怨，每天必须接听电话和处理电子邮件造成精神上莫大的压力，“信息疲乏并发症”甚至会造成长期失眠，严重影响健康。至于伴随文明发展而来的噪音、污染等问题则更是人尽皆知的了。

习惯固定了人们的思考模式，使生活成为机械化的程序，结果是复杂了你的生活和你的心情。你有了固定的轨道和角度，可能只对自己的观念感到愉快，无法接受别人的或者新的观念。

我们对这个嘈杂的社会、混乱的时空没有感到有什么不对劲，也许只有到临终的时候，才会悲哀地发现，自己的一生，原来是这么的不幸福。

我们不仅要问：幸福是什么？幸福来源于“简单生活”。文明只是外在的依托，成功、财富只是外在的荣光，真正的幸福来自发现真实独特的自我，也就是要永远保持心灵中的那份宁静。

第六章　心境平和　创造辉煌

1. 静处乾坤大

宁静的心境，可以使人的思虑全面、深刻、敏锐、细腻，从而最大限度地开发个人心智的潜能。宁静致远，意思是心境宁静，思虑可致深远。人的思虑，只有在宁静的心境中才能得以展开、深入；人的思虑，只有在宁静的心境中才能够发挥最佳的功效。

北宋哲学家邵雍在《何处是仙乡》一诗中写下“静处乾坤大”的诗句，说的是只要心境宁静，就会感到世界旷达广大。心境宁静，思虑才能在高远的时空中翱翔。人们才能以深邃的眼界和宏大的气魄来看待世事人生。

科学家们常常凝神苦思，忘记了时间，忘记了吃饭，忘记了休息，甚至因精神高度专注闹出不少笑话，而正是这种高度专注的精神，才保证了科学家们拥有一片宁静的心境，才有了一个又一个新发现、新发明。

诗人、作家也多半在夜深人静之时进入最佳的创作境界。苏联著名诗人马雅可夫斯基，一次为了描绘一个孤独的男子怎样保护和疼爱他的情侣，绞尽脑汁、搜肠刮肚也没找到恰当的词句。但第三天半夜时分，他的脑子里忽然奔涌出如下的诗句：

我将保护和疼爱
你的身体

就像一个在战争中
残废了的
对任何人都不需要了的兵士
爱护他惟一的一条腿！

这诗句，极好地表达了主人公对情侣的保护和疼爱之情。

在现代社会中，一方面，各种交往不断增多，人际关系越来越复杂；一方面，科学飞速发展，技术、产品不断更新。一个人在工作中能否保持宁静的心境，往往直接影响到工作的效率。正因为如此，日本的一些公司专为所属职员开设了静坐沉思室。美能达照相机公司，每间静坐沉思室设一桌一椅，公司职员在上班时间可随意进入，独自静坐，避开人事、电话等的干扰，以使自己的想象力与创造力获得充分发挥。许多有助于公司管理与生产的方案措施，便是职员在静坐时思索成熟的。

宁静的心境，对解决社会生活中其他一些方面的问题，也起着重要作用。

例如：犯了过错，如能静夜扪心自问，闭门思过，则可在宁静的心境中认真反省、自责，从而更准确地认识自我，完善自我。

遇到突然事件，保持沉着、冷静，可使人临险不惊，处变不乱，保持清醒的理智，作出迅速、准确的反应。

在待人接物时，宁静的心境有助于保持谦虚和蔼的态度、亲切悦和的语气、礼貌得体的举止，从而给对方留下良好的印象，促进问题的顺利解决。

平日，人们遇到棘手的问题时，往往不是马上表态、下结论，而是说：“让我静下心来想一想。”看到别人遇到突发事情而慌乱无措时，人们往往会劝他：“先别着急，静下心来，总会找到解决的办法。”这些都说明只有在宁静的状态下，才更有利于解决问题和妥善处理事情。

有时候，人们处理某事失误后会说：“刚才我太不冷静了，结果把事情办糟了。”当有人碰到问题沉不住气时，人们会告诫说：“要冷静，光着急只能坏事。”这说明，人们已经自觉或不自觉地意识到：心境不宁静，解决问题和处理事情

可能会出偏差。

自古以来，人们在社会实践中应用宁静致远这一道理，曾成功地进行了很多重大的政治、军事、生产、科技、文化等活动。今天，我们更应该自觉、主动地将宁静致远的道理，应用、实践于自己的学习、工作和生活中，以取得更多、更好的成果。

2. 安于平淡才能创造出人生的辉煌

平淡，虽不是人生旋律中的精彩华章，却是生活中不可缺少的底色。在现实生活里，平淡总是多于辉煌。谁能善待平淡，谁就能把握住生活的真谛，当机会来临时，才能“于无声处听惊雷”。

与平淡形成强烈反差的是开放中的“热烈”。追求物质上的富足与事业上的辉煌，争取人生中的精彩，都不是坏事。但不管是扛枪的、教书的、执法的、种田的，都冲着“富起来”而去，后果且不论，眼下的国家安全由谁来保？学生由谁来教？治安由谁来管？庄稼由谁来种？没有安于平淡，“热烈”就可能使社会陷于混乱。

事业需要平淡。保家卫国的事业是辉煌的，而这辉煌的事业，是由千千万万个近似平淡的战士用千千万万个似乎乏味的日子创造的。没有平淡的战士，没有乏味的日子，就没有那辉煌的事业。

社会需要平淡。一天，有位老教师遇见当年学生，学生真诚邀他去自己主管的单位当“顾问”“董事”，声言“挂名”而已，待遇“从优”。在涌动的市场经济浪潮面前，他却谢绝说：“即使人生真如一盘棋，我也不打算‘悔棋’了。我将怡然终老于教师这一小卒的岗位上，一如既往地舌耕和笔耕，冷暖自如。”社会正是由于有像这位老教师一类安于平淡的人，才捧托出了江山代有人才出的辉煌。

人生需要平淡。人生是个三角形，辉煌是三角形的顶尖，平淡是三角形的底边。换句话说，人生三角形的底边不是财富，不是名利，只是运作事业的平常心。安于平淡，才能倾心于事业；倾心事业，方能创造出人生的辉煌。

成功需要平淡。“天才棋手”李昌镐之所以年纪不大却在世界棋坛上光芒四射，能“青出于蓝而胜于蓝”，正因为他有一种“平常心”，即在下棋时排除私心杂念，专注于棋艺的发挥，不患得患失，名利输赢皆为“心”外之物，从而攀登上一种高境界。当今，不论自己奋斗在什么领域里，少想一点名利得失，排除一下过度的诱惑，也许正是获取成功的奥妙。

当今社会为人提供了施展才华、实现人生价值的舞台，很多人都想有精彩的表演，这无可厚非，但如果看不清自己，放弃平淡与朴素，盲目跟着“高潮”走，那是十分可悲的，因为在“高潮”中有弄潮的，也有被潮水淹没的。

急欲发展经济的中国，需要冷静；急欲先富起来的人，也需要冷静。在滚滚商潮冲击之下，人们需要保持理智，需要对自己、对别人、对今天和未来进行洞悉把握。明白自己只是一个平常人，以平常人的平常心去体味平淡，方能品出生活的真味。

3. 平淡是一种人生境界

《菜根谭》中这样说：“此身常放在闲处，荣辱得失谁能差遣我；此身常在静中，是非利害谁能瞒昧我。”意思是，经常把自己的身心放在安闲的环境中，世间所有的荣华富贵和成败得失都无法左右我，经常把自己的身心放在安宁的环境中，人间的功名利禄和是是非非就不能欺骗蒙蔽我。

人类的各种欲望，如果任其放纵而不加约束，那么就必然将永无止境地堕落，所以必须磨炼自己的意志，制定一个可行的计划，一定按计划做，制止自己的贪欲心。曾国藩同治十年三月的一篇日记中写道：“近年焦虑过多，无一日游于坦荡之天，总由于名心太切，俗见太重二端。名心切，故于学问无成，德行未立，不胜其愧馁。俗见重，故于家人之疾病、子孙及兄弟子孙之有无强弱贤否，不胜其萦绕，用是忧惭，局促如蚕自缚。”那么怎样消除这种弊病呢？曾国藩在同一篇日记中继续写道：“今欲去此二病，须在一个‘淡’字上着意。不仅富贵功名及身家之顺遂，子姓之旺否悉由天定，即学问德行之成立与否，亦大半关乎天事，一概淡而忘之，庶此心稍得自在。”曾国藩不仅找到了自己的病根，而且也找到了治疗的方法。一个“淡”字可谓一字千金，淡然无累，淡然无为，深得庄子真意。

《庄子》里有这样一个故事：有一次，市南子去见鲁侯，发现鲁侯心情不好，满脸忧郁，就问他为什么，鲁侯回答说：“我做每件事的时候都够小心谨慎的了，可是仍不能避免祸患的发生，所以很担心，很忧愁。”市南子同：“你知道狐狸和豹子吗？它们隐居山洞密林，昼伏夜行，即使饥饿，也要到远离人群的地方求食，然而它们仍不能逃脱罗网陷阱之灾，这是因为它们身上有着人们所需求的美丽皮毛。现在鲁国就是您的皮毛，我希望你剖开形体，舍去皮毛，洗净内心，摒除欲望，而遨游于无人的旷野。”此观点虽然过于消极，显得与今天的时代格格不入，但他又从另一个侧面告诉我们，过度的欲望使人烦恼，会给人带来灾祸，但欲望又常常在人的内心作祟，使人对它难以割舍得下，派生出烦恼。最好的办法就是抛开对荣辱得失的过度忧虑，清心寡欲，从而做到无欲则刚，无欲则优了。因此，平淡是红尘的淡化剂，心如止水，沉稳恬静，拥有平淡，不拘泥人言是非，不沉迷利禄功名，脱离尘世喧嚣之境，视悲欢荣辱如过眼烟云，不为权势所羁绊，不为物欲所拖累，以一颗平常心直面人生，以出世的精神，做入世的事业，追求人格的独立和灵魂的自由。古人金圣叹在《临江仙》一词中说：“是非成败转头空，古今多少事，都付笑谈中。”

平淡是一种人生境界，平淡不是平庸，虽然两者外形相似，但内容迥异。平淡源于对现实清醒的认识，是来自灵魂深处的表白。人生在世，不见得权倾四方，威风八面，也就是说最舒心的享受不一定是物欲的满足，而是性情的恬淡和安然。在生活中随缘而安，纵然身处逆境，仍从容自若，以超然的心情看待苦乐年华，以平淡的心境迎接一切挑战。“竹杖芒鞋轻胜马，谁怕？一蓑烟雨任平生”便是平淡者最典型的写照。平淡是一种人生的美丽，非淡泊无以明志，非宁静无以致远。不做作，不虚饰，洒脱适意，襟怀豁然，平淡不仅给予你一双潇洒和洞穿世事的眼睛，同时也使你拥有一个坦然充实的人生。有一句名言叫做“心底无私天地宽”，很多人最迫切追求的是私欲、私利，私欲多了，就会目光短浅，私欲少了，就会有胸怀天下、造福人类的宽大胸襟。心怀天下、志在四海，只有这样的人才能流芳百世。

4. 做人要有平和忍让之心

成大事者善让，即遇事不与人无谓地争高论低，而是通过忍让的办法，去专注地做自己的事情。很多人之所以不能成大事，其中要害之一就是好争而不好让。

君子坦荡荡，这是千百年来留传下来的一种品德。做人要胸襟豁达，要有平和忍让之心，这不仅是一种魅力，更是事业有成之人的必备个性。

所谓忍让，是指一个人与他人交往时，保持一种谦和、克己、委曲求全的态度和行为。这里忍让的是那些与自己的朋友、同学等之间的非原则性的小事，如与朋友或同事发生了一点小摩擦，就不要斤斤计较，应该豁达一点，吃点小亏算了。这样做的目的是避免破坏朋友之间的友谊以及同事之间的团结。而对生活中的一些消极现象和不良的社会风气以及坏人坏事，则不但不能忍让，反而应挺身而出，坚决斗争。

所以，我们所说的忍让，并不是不辨是非、放弃原则、毫无限度地对一切事物的忍让，该忍时忍，不该忍时则寸步不让。应做到“大丈夫能屈能伸”，这才是成功者具有的肚量。

要做到忍让，就必须具有豁达的胸怀，在为人处世、待人接物时，不能对他人要求过于苛刻。应学会宽容、谅解别人的缺点和过失。要做到这一点，就要有气量，不能心胸狭窄，而应宽宏大度。特别是在小事上，如果宽大为怀，尽量表现得“糊涂”一些，便容易使人感到你通达世事人情。

中国古代有这样一个故事：

颜回是孔子的一个得意门生。有一次颜回看到一个买布的人和卖布的在吵架，买布的大声说：“三八二十三，你为什么收我二十四个钱！”颜回上前劝架，说：“是三八二十四，你算错了，别吵了。”那人指着颜回的鼻子说：“你算老几？我就听孔夫子的，咱们找他评理去。”颜回问：“如果你错了怎么办？”

买布的人答："我把脑袋给你。你错了怎么办？"颜回答："我把帽子输给你。"两人找到了孔子。孔子问明情况，对颜回笑笑说："三八就是二十三嘛，颜回，你输了，把帽子给人家吧。"颜回心想，老师一定是老糊涂了，但只好把帽子摘下，那人拿了帽子高兴地走了。后来孔子告诉颜回："说你输了，只是输一顶帽子，说他输了，那可是一条人命啊！你说是帽子重要还是人命重要？"颜回恍然大悟，扑通跪在孔子面前说："老师重大义而轻小是非，学生惭愧万分！"

这种宽厚与容忍绝对不是争斗的小人所能够做到的，明知对方错了，却不争不斗反而认输，虽然自己吃点小亏，但使别人不受损。不重表面形式的输赢，而重思想境界和做人水准的高低，这样的人其实活得很潇洒。

一位住在山中茅屋修行的禅师，有一天趁夜色到林中散步，在皎洁的月光下，他突然开悟了自性的般若。

他喜悦地走回住处，却看到自己的茅屋正遭小偷光顾，找不到任何财物的小偷要离开的时候在门口遇见了禅师。原来，禅师怕惊动小偷，一直站在门口等待，他知道小偷一定找不到任何值钱的东西，所以早就把自己的外衣脱掉拿在手上。

小偷遇见禅师，正感到惊愕的时候，禅师说："你走老远的山路来探望我，总不能让你空手而回呀！夜凉了，你带着这件衣服走吧！"

说着，就把衣服披在小偷身上，小偷不知所措，低着头溜走了。

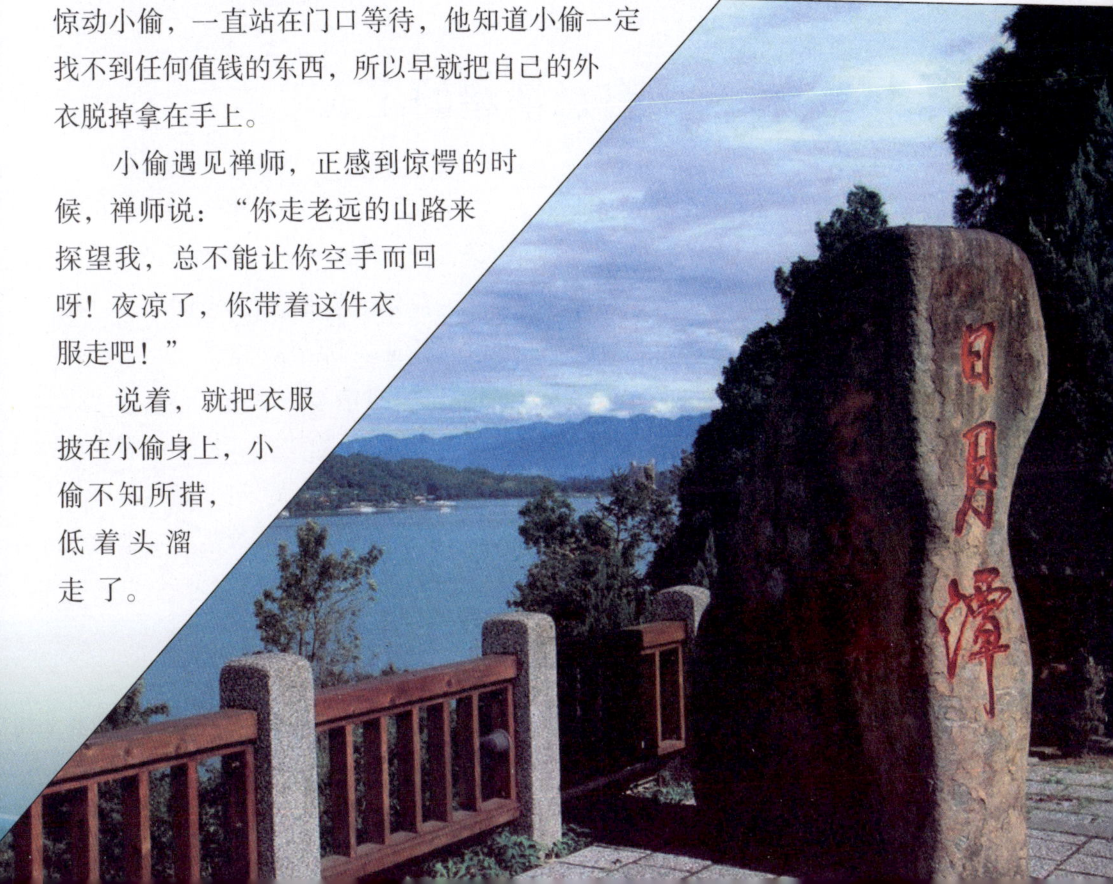

禅师看着小偷的背影穿过明亮的月光，消失在山林之中，不禁感慨地说：“可怜的人呀！但愿我能送一轮明月给他。”

禅师目送小偷走了以后，回到茅屋赤身打坐，他看着窗外的明月，进入空境。

第二天，他在阳光的温暖抚触下，从极深的禅定中睁开眼睛，看到他披在小偷身上的外衣被整齐地叠好，放在门口。禅师非常高兴，喃喃地说：“我终于送了他一轮明月！”

有这样一个女人，总在喋喋不休地向人们说邻家污秽不堪。有一回，她故意将一位朋友领到家里，指着窗外说：“您看那家绳上晾的衣服多脏！”可那位朋友却悄悄地对她说：“如果你看仔细点儿，我想你能弄明白，脏的不是人家的衣服，而是你自家的窗子。”

是啊，我们在同一蓝天下生活，为什么不学着去宽厚待人，而是去轻易地指责呢？即使脏的真是邻家的衣服，我们为什么不能表示理解和容忍呢？要知道，这样做不会给我们造成任何损失。

5. 做自己情绪的主人

喜怒哀乐是人之常情，想让自己生活中不出现一点烦心之事几乎是不可能的，关键是如何有效地调整、控制自己的情绪，做生活的主人，做情绪的主人。许多人都懂得要做情绪的主人这个道理，但遇到具体问题就总是知难而退：“控制情绪实在是太难了。”言下之意就是：“我是无法控制情绪的。”

别小看这些自我否定的话，这是一种严重的不良情绪的暗示，它真的可以毁灭你的意志，丧失战胜自我的决心。还有的人习惯于抱怨生活，“没有人比我更倒霉了，生活对我太不公平了。”抱怨声中他得到了片刻的安慰和解脱：“这个问题怪生活而不怪我。”结果却因小失大，让自己在无形中忽略了主宰生活的职责。

所以，要改变一下身处逆境的态度，用开放性的语气对自己坚定地说：“我一定能走出情绪的低谷，现在就让我来试一试！”这样你的自主性就会被启动，沿着它走下去就是一个崭新的天地，你会成为自己情绪的主人。

输入自我控制的意识是开始驾驭自己情绪的关键一步。曾经有个中学生，不会控制自己的情绪，常常和同学争吵，老师批评他没有涵养，他还不服气，甚至和老师争执。老师没有动怒，而是拿出词典逐字逐句解释给他听，并列举了身边大量事例，使他心悦诚服。从此，他有了自我控制的意识，经常提醒自己，主动调整情绪，自觉注意自己的言行。就在这种潜移默化中，他拥有了一个健康而成熟的情绪。

其实，调整控制情绪并没有你想象的那么难，只要掌握一些正确的方法，就可以很好地驾驭自己。在众多调整情绪的方法中，你可以先学一下“情绪转移法”，即暂时避开不良刺激，把注意力、精力和兴趣投入到另一项活动中去，以减轻不良情绪对自己的冲击。

可以转移情绪的活动很多，最好是根据自己的兴趣爱好以及外界事物对你的吸引力来选择，如各种文体活动、与亲朋好友倾谈、阅读研究、琴棋书画，等等。总之，将情绪转移到这些事情上来，尽量避免不良情绪的强烈撞击，减少心理创伤，有利于情绪的及时稳定。

情绪的转移关键是要主动及时，不要让自己在消极情绪中沉溺太久，立刻行动起来，你会发现自己完全可以战胜情绪，也唯有你可以担此重任。

生活中经常听到有人发牢骚:“我烦死了”“气死我了”“这个人真讨厌”等等。也可以看到一些人虽一言不发，但心情忧郁，精神恍惚。不用问，他们准是碰上令人气愤或烦恼的事情了。其实，我们每一个人都或多或少遇到过一些挫折，那么,该怎么办呢?你也许早就知道一些方法:找朋友倾诉、打热线电话、听音乐、踢足球，实在不行就找心理医生等等。诚然，上述每一种方法都可以大大减轻你的痛苦。不过,我这里要介绍的是一种认知层面的自我心理调节方法。俗话说,“求人不如求己”，不管别人如何热心地帮助你，但要真正改变还得靠自己。

一般人都能自觉地调整心态，较好地适应社会。但也有少数人由于持有一些不合理的观念，在遇到重大挫折时往往会一蹶不振，严重的甚至不能正常工作学习，给自己和亲戚朋友带来很多麻烦。我们每一个人都应该经常反省自己，特别是受到挫折时，情绪上更应该从积极的方面来考虑。要加强理智对情绪的调控作用。古语云“物极必反”，这就是提醒我们，“乐极”与“气极”“怒极”都不好，应该时刻注意保持适度的冷静和清醒，在欢乐、顺心时，主动降温；

遇苦闷或情绪转入低谷时，要换个积极的想法。事物都有多重性，受许多因素制约，要从有利及好的一面去想，自能摆脱情绪困境。

6. 让自己彻底放松一下

放松有助于减轻快节奏生活造成的压力，带给你安详平和的心境。如果你发现自己耳边充斥着各种让人烦躁的噪音，整日忍受着繁忙工作、家庭琐事的无穷折磨，每天的神经都绷得紧紧的，得不到一丝喘息的机会，那你就真该好好计划一下，找一段时间什么也不做，让自己彻底放松一下。

曾有一位事业有成的企业家，当他的事业达到巅峰时，他突然感觉到人生无趣，特地跑到一家远近闻名的修道院请大师指点迷津。

大师告诉这位对人生感到毫无兴趣和信心的企业家：

“鱼无法在陆地上生存，你也无法在世界的束缚中生活；正如鱼儿必须回到大海，你也必须回归安息。”“难道我必须放弃自己所有的一切，进入山里修炼，才能实现自己心灵的平静？”企业家无奈地回答。“不！你可以继续你的事业，但同时也要回到你的心灵深处。当回到内心世界时，你会在那里找到企求已久的平安。除了追求生活上的目标外，生命的意义更值得追寻。”大师说。

在喧闹的人群里，我们往往听不见自己的脚步声。远离喧闹的人群，能让我们重新认识到自我的存在。

你可以从每天抽出一小时开始，一个人静静地呆着，什么也不做。当然前提是，你要找一个清静的地方，也许刚开始这么做的时候，你会觉得心慌意乱，因为还有那么多事情等着你去干，你会想如果在工作的话，早就把明天的计划拟定好了，这样干坐着，分明就是在浪费时间。可是，如果你把这些念头从大脑中赶走，坚持下去，渐渐你就会发现整个人都轻松多了，这一个小时的清闲让你感觉很舒服，干起活来也不再像以前那样手忙脚乱，你可以很从容地去处理各种事务，不再有逼迫感。你可以逐渐延长空闲的时间，三小时、半天甚至一天。

抛开一切事情，什么也不干，放松一下，你的生活将得到很大改善，把你从混乱无章的感觉中解救出来，让头脑得到彻底净化。

放松有助于减轻快节奏生活造成的压力，带给你安详平和的心境。

7. 生气不如长志气

生气，是人情绪的爆发。经常生气的人，不应当看成是性格使然，而是一种心态不健康的表现。

留心四周，你随时可以找到正在生气发怒的人们。商店里，也许顾客正在和营业员吵架；出租车上，司机也许正因交通堵塞而满脸怒色；公共汽车上，也许乘客正在为抢占座位而大打出手——此种情形，不胜枚举。那么你呢？是否动辄勃然大怒？是否让生气成为了你生活中的一部分？你是否知道，这种情绪根本无济于事？也许，你会为自己生气大加辩护："人嘛，总有生气发火的时候。"在这种借口之下，你不时地自我生气，也冲着他人生气，你似乎成了一个愤怒之人。

其实，并非人人都会不时地表露出自己在生气，生气这一习惯行为可能连你自己也不喜欢，更不用问他人感觉如何了。因此，你大可不必对它留恋不舍，它不能帮助你解决任何问题。任何一个精神愉快、有所作为的人都不会让它跟随自己。生气是一个误区，是一种心理病毒；它同其他病毒一样，可以使你远离快乐，远离亲情，甚至远离健康。

首先，让我们来看看心理学家们是如何看待"生气"的。这里我们所提的生气是指某人在事与愿违时做出的一种惰性反应。它的形式有勃然大怒、敌意情绪、乱摔东西甚至怒目而视、沉默不语。它不仅仅是生气，它的核心是惰性。生气使人陷入惰性，其起因往往是不切实际地期望大千世界要与自己的意愿相吻合，当事与愿违时，便会怒不可遏。

生气既是你做出的选择，又是一种习惯。它是你经历挫折的一种后天性反应。你以自己所不欣赏的方式消极地对待与你的愿望不相一致的现实。事实上，生气是一种精神错乱。每当你不能控制自己的行为时，你便有些精神错乱。因此，每当你气得失去自制时，你便暂时处于精神错乱状态。

生气对人的心理生理没有任何好处。生气使人情绪低沉、陷入惰性。从病理学角度来看，生气可导致高血压、溃疡、皮疹、心悸、失眠、困乏，甚至心脏病；从心理学角度来看，生气可能会破坏情感关系、阻碍情感交流、导致内疚与沮丧情绪。总之，它使你不愉快。

同其他所有情感一样，生气是大脑思维后产生的一种结果，它不会无缘无故地产生。当你遇到不合意愿的事情时，就告诉自己：事情不应该这样或那样，于是你感到沮丧、灰心；然后，你便会做出自己所熟悉的生气的反应，因为你认为这样会解决问题。只要你认为生气是人的本性之一部分，就总有理由接受生气而不去改正。

如果你仍然决定保留自己心中生气的火种，你可以通过不造成重大损害的方式来发泄心中的气愤。你不妨想想，是否可以在沮丧时以新的思维支配自己，用一种更为健康的情感来取代使你产生惰性的生气。既然世界绝不会像你所期望的那样，你很可能会继续厌烦、生气或失望，但无论如何，你完全可以消除那种不利于精神健康的有害情感——生气。

每当你以生气来对他人的行为作出反馈时，你会在心里说："你为什么不跟我一样呢？这样我就不会生气，而且会喜欢你。"然而，别人不会永远像你希望的那样说话、办事；实际上，他们在大多数情况下都不会按照你的意愿行事。世界就是如此，我们不可能期望别人永远按照我们的意愿行事，这一现实永远不会改变。所以，每当你因为自己不喜欢的人或事生气，你其实是不敢正视现实，让自己经受感情的折磨，从而使自己陷入一种惰性。为根本不可能改变的事物自寻烦恼真是太愚蠢了。其实，你大可不必生气；只要你想想，别人有权以不同于你所希望的方式说话、行事，你就会对世事采取更为宽容的态度。对于别人的言行，你或许不喜欢，但决不应生气，生气只会使别人继续气你，并会导致上述种种生理与心理病症。

也许你认为自己属于这样一类人，即对某人某事有许多愤愤不平之处，但从不敢有所表示。你积怨在胸，敢怒不敢言，成天忧心忡忡，最后积怨成疾。但是，这并不是那些咆哮大怒的人的反面。在你心里，同样有这样一句话："要是你跟我一样就好了。"你以为，别人要是和你一样，你就不会生气了。这是一个错误的推理，只有消除这一推理，你才能消除心中的怨忿。虽然有怒便发比积怨在胸好得多，但你会慢慢懂得，以新的思维方式看待世事，以致根本不生气，这才是最为可取的。你可以这样安慰自己："他要是想捣乱，就随他去。我可不会为此自寻烦恼。对他这种愚蠢行为负责的，是他不是我。"你也可以这样想："我尽管真不喜欢这件事，却不会因此陷入惰性。"生气，不仅会伤害人的身体，还能摧毁人的意志和活力，导致人的心灵受到伤害。因此，每个人都应懂得制怒的道理。工作不能置人于死，但生气却能杀死人。做任何工作，做任何事，都不会使我们有所损害；能够真的损害我们的，就是我们自己做事、做工时的心理作用，是在未做事、未做工作之前，已因脑海中的顾虑畏惧而预感到种种的不快意。

一个把大量的精力耗费在无谓的生气上的人，不能像平常人一样尽量地发挥他固有的能力。生气能破坏人的健康、摧残人的活力、损害人的创造力量，因而可以使许多大有作为的人平庸而终。

你可曾听说，人能够从生气中得到丝毫的好处吗？它可曾有过一次帮助别人改善生活吗？这个恶魔随时随地都在损害人们的健康，都在摧残人们的活力，减少人们的效率，使人们的生活陷入不幸中。

假如有一个店主，明知有一个不忠实的伙计，天天都要在店中偷些东西，但仍然将他留在自己的店中，年复一年，不予开除。我们对他将作何感想？然而我们大家，却往往在我们的精神商店中，保留着一个比只偷钱、偷物的小偷坏得多的小偷，保留一个盗窃我们最宝贵的精神活力以及一切生命中的机会与幸福的小偷而不予以摒除，难道这不是大怪事？

野蛮时期的土人在宗教仪式中，往往用种种残酷的方法伤害自己的身体，来当做虔诚的表示。对于这种土人，我们不是觉得可怜可笑吗？然而我们自己也并不高明，我们往往用种种精神的刑具来伤害自己，我们常常被各种无谓的生气所困扰，让自己生活在忧患之中。

生气能摧毁人的活力，消磨人的精神，所以能够很厉害地影响人的工作。一个人在心绪不宁的时候所做的工作自然不能达到最高的效率。人的各种精神机能，一定要在丝毫不受牵制的时候，才能发挥其最高的能力。困于生气的头脑，它的思考往往会不清楚、不敏捷、不合逻辑。在脑细胞受烦闷的侵扰时，脑部的思考力，自然不能像毫无干扰的时候那样集中。

脑细胞时常为血液所冲洗，并从血液中摄取养分。所以，假如血液中常常载满了恐惧、烦恼、愤恨、嫉妒等思想的毒素，这些脑细胞的“原形质”便会受到损害。

多少年来，人类始终容许种种无谓的烦闷、生气来榨取青年人的生命，使人未到中年即现老相。有人在三个星期之内面容一变，就像两个前后完全不相同的人一样，其实，促使他们衰老的，是他们自己多愁善感的性格，以及容易生气的习惯。

有些女孩往往要用药品或手术挽救红颜早衰，其实这是舍本求末，使她们衰老的只是太易生气。医治衰老的药品只有一种，而这种药品在自己的心中就可以找到——泰然的态度，不生气的习惯。

驱除生气的最好方法就是常常怀着一种愉快的态度，而不要去看生活的不幸与丑恶的各个方面。

维持健康的身体，也是矫正生气习惯的重要条件。良好的胃口、酣实的睡眠、清爽的神智，都是可以减少烦闷的。体强力健的人，为生气所乘的机会比较少。但在活力低微、体质衰弱的人的生命中，生气心理能立足、滋长。

当你一觉察到有生气心理侵入你的生活中，你须立刻让你的心中充满种种希望、自信、勇敢、愉快的思想。不要坐视那些可能剥夺你幸福的敌人在你心中盘踞起来，要立刻把那群魔鬼驱逐出你的心胸！

医治生气心理，你可以自己治疗。你只要用希望替代失望、乐观替代悲观、镇定替代不安、愉快替代烦恼就够了。

8. 别拿别人的错误惩罚自己

拿别人的错误惩罚自己的人是愚蠢的，以积极开放的心态面对生活、面对挫折才是明智之举。康德说：“生气是拿别人的错误惩罚自己。”你不妨换个角度审视自己，以积极的心态，坦然面对生活。

夏天的傍晚，有一美丽的少妇投河自尽，被正在河中划船的白胡子艄公救起。艄公问：“你年纪轻轻，为何寻短见？”“我结婚才两年，丈夫就遗弃了我，您说我活着还有什么乐趣？”艄公听了沉吟有顷，说：“两年前，你是怎样过日子的？”少妇说：“那时我自由自在，无忧无虑呀……”“那时你有丈夫吗？”“没有。”“那么你不过是被命运之船送回到两年前去。现在你又自由自在无忧无虑了。请上岸去吧……”听了这话，少妇恍如做了一个梦，她揉了揉眼睛，想了想，便离岸走了。从此，她没有再寻短见。

一样的人生，异样的心态，看待事情的角度截然不同，结果也就大相径庭。要能跳出来看自己，以乐观、豁达、体谅的心态来观照自我、认识自我、不苛求自我，更重要的是超越自我、突破自我，因为好好生活才有希望。令你生气的人已经走得老远了，你还为他生气，何必呢？

记得有位哲人曾说：“我们的痛苦不是问题的本身带来的，而是来自我们对这些问题的看法。”这话很有哲理，它引导我们要学会解脱。

在很多时候，我们所有的苦难与烦恼都是自己依靠过去生活中所得到“经验”做出的错误判断，这时，我们不妨跳出来，换个心态，你就不会为考场失败、商场失手、情场失意而颓唐；也不会为名利加身、赞誉四起而得意忘形。转一个角度看世界，世界无限宽大；换一种立场待人事，人事无不轻安，这就是积极的心态。

当人生的理想和追求不能实现时，不妨换个角度来看待人生。换个角度，便会产生另一种哲学，另一种处事观。

人生偶有失意，在所难免，一直得意容易让人忘形；为失败哀怨，对现实不满也是无用之举，一切当以心宽化解。

面对他人的进步和成绩，生气不如长志气，因为生气不仅于事无补，还可能会损伤了自己的健康，而长志气则会让自己奋发图强，最终令你超越对手。

生气可能是因为生气者总爱和别人攀比，凡事唯恐别人抢先一步。看到别人超过自己，他不怪自己不努力、不进取，却怨别人有本事，恨别人比自己强。古往今来，这种因生气怨恨而嫉妒的情绪，就像一股祸水，不知害了多少人。

战国时，楚昭王初即位，囊瓦为相国，和伯嚭宛、鄢将师、费无极同执国政。是年，嚭宛出征吴国，大胜而归，俘获兵甲无数。昭王大喜，所获兵甲赐了一半给他，以后每逢大事必和他商量，万种宠幸集于一身。费无极对此心生嫉妒，和鄢将师决定设计陷害他，乃对囊瓦说："嚭宛有意请客，托我来转报，不知相国肯降临否？"囊瓦立即应允了："既然相请，哪有不赴之理？"费无极又去对嚭宛说："相国有意想在贵府饮酒；大家快乐一下，不知你肯做东道主否？现托我来问一问。"嚭宛不知是计，毅然答应："我是他的下属，难得相国肯赏脸，明天我当摆酒恭候，请你先行去报告！"费无极又问："既然相国要来，你准备送他什么礼物？"嚭宛说："不知相国喜欢什么？"费无极故意迟疑了一下，才说："他身为相国，女子财帛当然不稀罕，惟有坚甲利兵最感兴趣。平日也对我暗示过，他很羡慕你分得的一半吴国兵甲，要在你家吃家宴，无非是想参观一下你的战利品罢了。"嚭宛一点儿也没犹豫，立刻遵照费无极的建议，答应把100件最坚固的兵器和被俘的士兵安置在门边，用布帐掩蔽起来，以等相国来了献给他。次日，嚭宛大摆筵席，布置堂皇；托费无极去请囊瓦。囊瓦刚准备动身，费无极又挑拨说："嚭宛近来的态度十分骄傲。此次设宴已不知其中缘故。人心不可测，我先去探听一下虚实，若比较安全，相国再去不迟。"于是，费无极胡乱在街上打了一个圈，又踉踉跄跄跑回来，一步一跌的，气喘吁吁，气急败坏地说："几乎误事，我已探听明白了，郤宛这次请客居心不良，将置相国于死地。我见他门内暗藏甲兵，杀气腾腾的，相国若往，命必休矣。"囊瓦一听，心里有点怀疑，费无极赶紧挑拨道："郤宛自从征吴有功，恃王之宠，早有对相国取而代之的野心了，此事尽人皆知，只瞒住相国一人。我和鄢将师早晚也防有此一着。想想，过去吴乘我丧，我乘吴乱，郤宛本可以乘胜追击下去，把吴国灭了，可是他却俘获一些甲兵就班师，听说他当时得了吴国很多贿赂，有了默契，便强迫将士撤退的。这样看来，他一定有极大阴谋，想在本国打主意，说不定……此人若得势，楚国就危险了！"他说得头头是道，囊瓦的心被打乱了，为慎重起见，他又派心腹去郤宛家里打探消息。那心腹回来报告，说门内果真伏有甲兵。囊瓦立刻大怒，即叫人去请鄢将师，商量如何处置。鄢将师早与费无极串通一气，于是又添油加醋地说郤宛狼子野心久矣，正准备谋夺国政。

囊瓦终于相信了，立刻奏请楚王，命鄢将师率兵围住了郤宛的家。郤宛这才明白被费无极给耍弄了，但欲诉无门，有口难辩，遂长叹一声引刃自刎。一个忠勇良臣就这样丧命于嫉妒这把刀下。

在现实生活中，由生气而嫉妒的大有人在，只不过患者有轻有重罢了，轻重不同，表现形式也不一样。

一是"动心不动口"者，这是嫉妒病较轻的。看到别人好，心里马上不舒服，犯合计，一个劲地活动心眼，盼望人家有个天灾人祸。比如看人家地里的庄稼长得好，气得肚子鼓鼓的，心里不住地祈求老天赶快下场冰雹。

二是"动口不动手"者，这是患嫉妒病较重的。他们总是喜欢说三道四、评头论足、讽刺挖苦。有人提职了，他会说："有啥了不起，那小官，我斜眼没瞧起。"有人获奖了，他会说："你可发财了，要那么多钱怎么花啊，可别长毛儿了。"

三是"动口又动手"者，这是患嫉妒病最为严重的。他们不仅破口大骂，还要拳脚相加。你评上先进了，他会来一句："他妈的，好事都让你摊上了。"晚上就向你家门窗上扔石头，看你还敢当先进不？看到你池塘里的鱼养得好，他会暗地里向水中投点药，让你这个万元户破破财。这种"病人"实际已与罪犯相差无几了。

明白了因生气而嫉妒的种种表现及其危害性以后，作为一代青年人，应当胸怀大志，克服生气嫉妒之心，把目光放在长远的未来，只有如此，才可能立大志，成大气，成为有用之才。

9. 为别人超越自己而高兴

为别人超越自己而高兴，是对生活的顿悟，可以让精神变得纯洁；为别人超越自己而高兴，是对人生的看破，可以令灵魂得到升华。

有的人，在工作或生活的某个方面处于暂时领先的位置，他们唯恐别人超过自己，一旦发现别人超过自己就心生不平，甚至嫉妒别人。这些人应该时时开导自己：世上万事万物是不断发展变化的，任何业绩和成就都是在一定历史条件下创造出来的，随着时间的推移和条件的变化，原来先进的东西，必将被更先进的东西所代替，“人事有代谢，往来成古今”，所以企图垄断某种先进的成就，永远当“权威”，不让别人超过去，是根本办不到的。一个人的精力有限，生命有限，不可能成为某一技术或某一学科的永久权威。有智慧的人，当自己成名之后，更应谦虚、谨慎，甘当后起之秀的“人梯”，扶持他人赶上来，为他人的事业成功添砖加瓦。当他人在自己扶持和帮助下获得了惊人的成就，或者超过自己时，不但不嫉妒，反而由衷地高兴，这才是学者、专家和权威们应有的风度和胸怀。甘当“人梯”，把他人扶持上来，不但不会损害自己，而且愈显得高尚和伟大，其声誉也将愈来愈高，备受人们的钦佩和称颂。我国多次获得全国围棋比赛冠军的著名围棋名将聂卫平，在一次全国围棋比赛中败给了后起新秀，事后他写了篇文章在报纸上发表，题目就叫《没拿冠军，我也高兴》。为什么呢？他说：“当年我们脱颖而出，超过了老一代棋手，今天小将又战胜我们，过一段时间，又有新的新秀战胜他们。这正是我国围棋事业兴旺发达的标志。”聂卫平的眼光可以说是非常长远的，值得很多人学习。

有些爱生气的人常常与别人比这比那，总觉得自己的付出比别人多，得到的却总比别人少，于是总是生气，牢骚满腹。有这样心理的人，要明白这样的道理：每个人都有自己的长处，又都有自己的短处，万事万物不可能平均发展，社会上不存在绝对的平均。对待自己觉得不公平的事，要努力调整自己的心态，树立起竞争心理，通过自己不断努力，寻找一切机会表现自己，使自己尽早被社会所承认。所以正确的态度应是欢迎别人超过自己，学赶先进，与先进人物一起，同心同德，互帮互助，共同前进。

10. 用淡泊来降伏心猿意马

有一个扫地和尚的故事，说的是一座县城里，有一位老和尚，每天天蒙蒙亮的时候，就开始扫地，从寺院扫到寺外，从大街扫到城外，一直扫出离城十几里。天天如此，月月如此，年年如此。小城里的年轻人，从小就看见这个老和尚在扫地。那些做了爷爷的，从小也看见这个老和尚在扫地。老和尚虽然很老很老了，就像一株古老的松树，不见它再抽枝发芽，可也不再见衰老。

有一天老和尚坐在蒲团上，安然圆寂了，可小城里的人谁也不知道他活了多少岁月。过了若干年，一位长者走过城外的一座小桥，见桥石上镌着字，字迹大都磨损，老者仔细辨认，才知道石上镌着的正是那位老和尚的传记。根据老和尚遗留的度牒记载推算，他享年 137 岁。

据说军阀孙传芳部队有一位将军在这小城扎营时，突然起意要放下屠刀，恳求老和尚收他为佛门弟子。这位将军丢下他的兵丁，拿着扫把，跟在老和尚的身后扫地。老和尚心中自是了然，向他唱了一首偈：

扫地扫地扫心地，
心地不扫空扫地。
人人都把心地扫，
世上无处不净地。

有人说这是传说，也有人说这是真事，有无此事并不重要，他却能使人悟出平淡对人心清净的重要。

现代人也许会讥笑这位老和尚除了扫地、扫地，还是扫地，生活太平淡、太清苦、太寂寞、太没劲。其实这位老和尚就是在这平淡中，给小城扫出了一片净土，为自己扫出了心中的清净，扫出了 137 岁高寿，谁能说这平淡不是人生智慧的提炼?

法国哲学家卢梭认为现代人物欲太盛,他说:“十岁时被点心、二十岁被恋人、三十岁被快乐、四十岁被野心、五十岁被贪婪所俘虏。人到什么时候才能只追求睿智呢?”人心不能清净,是因为物欲太盛。人生在世,不能没有欲望。除了生存的欲望以外,人还有各种各样的欲望,欲望在一定程度上是促进社会发展和自我实现的动力。可是,欲望是无止境的,尤其是现代社会物欲更具诱惑力,如果管不住自己的欲望,随心所欲,就必然会给人带来痛苦和不幸。

哲人说:“人的自由并不仅仅在于做他愿意做的事,而在于永远做他不愿做的事。”这句话提醒人们,任何自由都是有限度的,有规则的。有了行为的不自由,才能获得精神上的真正自由。精神自由的人,大多能淡泊处世,保持一种宁静的超然心境。做起事来,不慌不忙,不躁不乱,井然有序。面对外界的各种变化不惊不惧,不愠不怒,不暴不躁。面对物质引诱,心不动,手不痒。没有小肚鸡肠带来的烦恼,没有功名利禄的拖累。活得轻松,过得自在。白天知足常乐,夜里睡觉安宁,走路感觉踏实,蓦然回首时没有遗憾。人体的神经系统常处于一种稳定、平衡、有规律的正常状态,这才是心灵的最大舒展。我们再看看那些拒绝平淡者,他们管不住自己的物欲,有的丢了性命,有的当了囚犯,有的虽然侥幸没有被检举揭发出来,但他们整天心惊胆战,心里失去了自由。

11. 平静是智慧中的一块美玉

心态的平静，是智慧的一块美玉。它是在自我控制方面做出长期而耐心的努力的结果。一个人心态平静，表明他具有丰富的人生经历，而且洞悉思想的法则及其运作。

一个人只有领悟到自己是一个思想得到进化的人，才能渐渐步入平静的佳境。在他领悟这一点的过程中，他越来越清楚地认识到因果作用及事物的内在联系，他不再浮躁、忧虑及悲伤，而是保持心境的宁静安详。

学会了如何驾驭自己，平静之人便知道如何与他人融洽相处，而他人也能够受到他精神上的鼓舞，了解他，信赖他。一个人越能保持平静安宁的心情，他的成功，他的影响，他行善的力量就越伟大。甚至一位普普通通的商人，只要不断培养自我控制的能力，对生意场上的事情处之泰然，他就能够发现他的生意日益红火，这就是人们总是乐意与心平气和、安之若素的人打交道的原因。

心平气和且富有能力的人时常得到人们的热爱与敬重。他就像一棵烈日下能为人提供阴凉的大树，或是一块能为人遮风挡雨的岩石。谁不爱与那些心平气和、脾性很好的人打交道呢？无论是阴雨连绵，还是艳阳高照，无论发生什么变化，这些人都能够镇定自若、处变不惊，因为他们总能保持宁静平和的心态。

被我们称为宁静安详的心境，则是我们文化中的必修课。它是人生绽开的花朵，是心灵的甜美果实，它像智慧一样珍贵，比金子更为人们所求——是的，人们对它的渴望，甚至赛过人们对纯金的渴求。与宁静祥和的人生相比，一味追求金钱显得多么的微不足道。这样的人生存在于真理的海洋，狂风暴雨对它鞭长莫及；这样的人生，存在于永恒的宁静。

12. 学会驱散嫉妒的烟云

嫉妒已作为一种特殊的疾病出现在生活中，得病的人相当普遍，在生活中经常可以看到，只不过患者有轻有重罢了。轻重不同，表现形式自然也就不一样了。

嫉妒是一种不健康的心理和丑陋的心态，它的最终结果是，一旦患有嫉妒，不但害人，也会害己。

嫉妒的害处很多，首先，这种人不仅心理将发生变化，生理也发生变化，常见的是情绪变化异常，食欲不振，夜间失眠，内心痛苦不堪。正如巴尔扎克所说："嫉妒者的痛苦比任何人遭受的痛苦都大，他自己的不幸和别人的幸福都使他痛苦万分。"

施特劳斯是奥地利的音乐家，后来，他的儿子约翰·施特劳斯也成了音乐家，而且名气超过了其父，这使做父亲的十分嫉妒。一天，儿子发出海报要举行音乐会，父亲闻讯立即宣布，在同一天的同一个时间也要举办音乐会。可是观众们都跑到了儿子那里，这使老施特劳斯又愧又恨，一下子就病倒了，并说："我但求速死。"由此可见，嫉妒者多受难耐的折磨。

嫉妒的情绪发展到"动口又动手"时，必然要伤害他人，必然要做出违法之事。

某单位团委书记，看到同事夏某参加高等教育自学考试合格，不禁嫉妒心起，向夏某的丈夫多次写匿名信，诽谤夏某在外乱搞男女关系，致使夏某的丈夫毒打夏某，使夏某离家出走。后来，当她听到党委会上有人提名让夏某做组织部副部长时，又迫不及待地向党组织写诬告信。当事情水落石出后，这位女士终因犯有诬陷罪而被公安机关逮捕。

由此看来，在一个人的青年时代，要想有所作为，应当首先学会驱散嫉妒的烟云。

要想消除嫉妒，首先应当具有仁爱之心。《尚书·秦誓》中说："假如有一个耿介独立的人，虽然他没有什么别的才能，但他的心地善良，就会有宽广的胸怀。别人有才能，就好像自己有才能；对别人的美德，他总是真诚地称慕。这种人具有以天下为公的胸怀，是真正能容纳别人才德的人。"

奥地利作曲家莫扎特，其音乐天才曾被誉为18世纪的奇迹。他的死，据说同样是被人嫉妒造成的恶果。当时宫廷作曲家萨利埃里看到莫扎特的才华远在自己之上，便挖空心思要搞掉莫扎特。他乘莫扎特贫困之机，先以一笔可观的报酬诱使莫扎特写作，后又将交稿期一再提前。莫扎特被迫日夜挥笔，拼命工作，以至积劳成疾，晕死过去，终年还不到36岁。

实际上，莫扎特并不因此而销声匿迹，萨利埃里也并不因为卑劣的嫉妒而成为天才，而是为人们所不齿。相反，如果萨利埃里具有仁爱之心，以宽大的胸怀帮助莫扎特的音乐事业，那么历史上将会演绎一首萨利埃里爱才惜才的动人之歌了。

要想消除嫉妒，还必须具有忍让精神。这需要从两个方面来做：一是看到别人比自己强时，要能忍住自己的嫉妒心。多看人家的长处，多找自己的短处，这样，不仗能寻求心理上的平衡，久而久之，还会净化自己的心灵，提高自己的道德修养。二是自己比别人强时，要能忍受住别人的嫉妒。我国著名的民主人士黄炎培先生，字任之，当人们问他为何叫任之时，他说："其中一个含义就是对无所谓的事，无聊的流言，不管它，由它去。"黄先生的做法很高明，你嫉妒你的，我做我的，让别人说去吧！走自己的路。如果你危害到我的人身安全和名誉，我则要诉诸法律，到头来受害的还是你。

此外，消除嫉妒，还要做到以下几点：

第一，胸怀豁达宽阔。一个人只有胸怀豁达宽阔，对别人的成就和荣誉便能见贤思齐，而不会贬人抬已。

第二，树立敢于竞争，勇于进取的精神，崇尚奋发有为，鄙视嫉妒行为。依靠自己的本领拼搏，堂堂正正地与对手比高低。

第三，要有自知之明。一个有

自知之明的人，能正视自己的缺点。他们在别人的进步和业绩荣誉面前，心里会高兴平和。

第四，克服个人主义和虚荣心。说到底，嫉妒心理是个人主义和虚荣心在作祟。如果能加强思想修养，克服个人主义和虚荣心，那么就会“心底无私天地宽”，把别人的成就和荣誉当做自己学习的榜样和前进的动力，这是甩掉嫉妒的根本方法。

总之，未来的社会，将出现强手林立、竞争加剧的局面。所以，每一个青年朋友都应甩掉嫉妒，在感情的激情中驾驭理智的风帆，以尊重、学习、赶超的态度对待他人的成就和荣誉，迎头赶上，这样，你就将成为时代和生活的强者。

第七章　直面人生　永不言败

1. 困难永远只有一个

人们的所谓烦恼，多数是因为将能力与困难相比，能力显得太脆弱而形成的沮丧。

然而，每个人都不缺少能力。能力如同使麦子生长的阳光一样，以不为人知的方式支持着生长。它是缓慢的，而任何明显的力量，譬如海浪和飓风，都不会形成一种生命的成长。

成长必然是缓慢的，但缓慢不同于停滞，虽然有时两者会很相像。即使如此，它也不应该成为怀疑自己能力的理由。

所以说，忍耐或者说等待，是驱逐烦恼的风，是和能力对称的另一支船桨。在这一点上，日夜生长着的庄稼，由开花到结果的树木，都是我们的启蒙者。

那么，困难是什么呢?

是使理想变得锋利的磨石，是促使睡者大叫而醒的噩梦，是过河时不得不从身后搬到前面的石头。

困难还有一种特性，它像麻雀一样密集地落在前方所有的枝头上。使人灰心的原因之一，就在于我们目睹的麻雀或者说困难太多。换句话说，我们的知性误导了自己，一下子了解了太多的困难。

买车的困难是没有钱，生病的困难是缺少体育锻炼，上班的困难是上司的脸色难看，结婚的困难是缺少住房……这样的困难可以永远罗列下去。即使在成功者那里，困难也是一堆：贷款、利息、时间、睡眠等等。当一个人把所有的困难依次想一遍的时候，生活里的阳光也就暗淡了。

事实上，困难永远只有一个。

我们要克服的困难只是一件需要马上去做的事，它可能仅仅是：

修一下自行车；

把下午要用的文案写好；

去开一个会、回信、慢跑 20 分钟、向你冒犯过的人道歉，等等。

它只是一件事，甚至说不上困难。而成功就会像乌鸦啄石子丢入瓶里使水慢慢升起来一样。

这件事，或这个困难，仅仅是乌鸦嘴里那粒石子。

因此，直视困难使它在特定时间内变小，把心放开让忍耐使生长的力量变大，自然就松开了捆绑心灵的绳索。

2. 失败乃人生良师

要做一个成功的人，就要在解决问题的能力和如何对待失败方面接受必要的训练。而现在我们要着重强调的是：失败乃人生的良师。

在每次的努力之中，我们都能学到一些自身行为的宝贵的经验教训。而正确对待失败，却正是我们成长和成熟的一个重要组成部分。大多数家长都希望培养出有才干的孩子，却没有认识到应该及早让孩子对挫折和失意逐渐有所了解。当这已经成了生活的一个正常成分时，孩子们就能培养起自己成功地与逆境斗争的本领了。要是及早给予孩子这种锻炼机会，等他们长大了，就会理想地建立起应付逆境的一套本领。

举重运动员开始训练时，最初是使用较轻的重量，然后一点儿一点儿地增加重量，直到他们能举起重得令人不可思议的杠铃。同样，经常让孩子受一点儿小小的压力和失望，会培养起他们对挫折和失败的承受力，逐渐坚强和成熟起来。这样，无论何时逆境真的出现，他们都不会像暴风雨中的茅草房一样，轻而易举地被摧毁，他们能在灾难的飓风面前顽强挺立。

许多心理学家认为：对挫折和失败的体验，能使人对待风险应付自如。一旦发现自己能挺过来，那么对失败的恐惧就更少了。要是孩子们犯了错误没有受到严厉的指责，他们就会觉得尝试失败的行为是一种轻松的体验，从而更多地去尝试。无论成功还是失败，他们下次遇到问题时，都会比较从容自若地对付，而再下次，就更加从容了。

没有达到自己的目的是很令人失望的，但这也能使你接受教训和经验。问题是你如何对待不成功的尝试。不要辱骂它，要利用它。失败+学习+工作=成功。

失败可以当路标，成为下次那儿“不”要去的路标。

从失败中学习新事物非常重要。若能如此，就不会再犯同样的错误，更不会失去走向成功之道的信心。日本学者戴斯雷里曾说：“没有比逆境更有价值的教育。”如果把失败弃之不顾，不加反省就意志消沉，那么即使开始了一项工作也不会收到好的效果。遇到失败，若只是简单地以“跟不上人家”为借口，就不会有任何进步，没有在失败中的学习精神，便永远得不到成长。而且，在失败中，有值得学习的东西。

在这所学校里，你可以学习许多的课程。虽然有些是必修课，有些是选修课，但这些课程完全是根据你一个人而制定的，而且这里有许多新课程供你选择，从这所学校毕业后，你已经是一个完全不同的你了。

学一门新课就能直接而具体地引导你走向新的职业，艾丽丝的故事说明了这点：

艾丽丝在自己家里的珠宝公司工作了8年，要是父亲不去世，她还会在那里工作下去。父亲死后，她一夜之间成了孤儿，遭到家里所有人的唾弃。为了父亲的地产，叔父们在两年间雇了好几个法律事务所与她对抗，结果艾丽丝保住了自己的权益。

然而，她无家可归，四处游荡。在这前程未卜的转折关头，艾丽丝决定尽量抓住各种新的机会。有一门课是有关妇女受歧视的。课上她得知其他妇女也同自己一样惧怕经济独立，她顿时觉得有了方向。

在课上，艾丽斯认识到现在缺少的是妇女自己的银行。现在是将这一计划付诸实施的时候了，她举起手，对专管银行的副部长说：“如果我们妇女组织起来，你准许我们开银行吗？”“准许。”他说。于是她跑去对好友卡罗说：“卡罗，我是认真的。我们真的得行动了。”第一家妇女银行从此诞生了。

3. 坚忍不拔的人才能超越失败

站在人生的轨道上，可以看到绝大多数的人都会在失败中倒下去，而且永远不能再爬起来。对此，我们只能总结说，一个人没有毅力，那他在任何一行中都不会得到成就，在任何一个地方都可以倒下。

只有少数人是坚忍不拔的，这些人承认失败只是一时的，他们依靠顽强的毅力而使失败转化为胜利。

神秘的百老汇，既是“死去的希望坟场”，也是“机会的长廊”。世界各地曾经有许多人来到百老汇，寻求声誉、财产、权力和爱情。每隔一段时间，在寻求者的队伍中就会有人脱颖而出，于是世界上就传说又有一个人征服了百老汇。

百老汇不是轻易能够征服的，只有当一个人在拒绝“放弃”之后，百老汇才会承认他的才智与天分，并给予财富报酬。这就是征服百老汇的秘诀，这秘诀就是毅力。

芬妮·赫斯特奋斗的故事说明了这个秘诀，她用毅力征服了百老汇：

赫斯特小姐于1915年来到纽约，想依靠写作来积累财富。但是，这个过程非常漫长，整整耗费了她4年时间。在4年里赫斯特摸熟了纽约的人行道，她白天打短工，晚上耕耘希望。

在希望黯淡的时候，她没有说：“好啊，百老汇，你胜利了。”而是说：“好的，百老汇，你可以击败某些人，但却不能击败我，我会使你认输的。”

在第一篇稿子发表前，她曾收到过30多张退稿单。普通的人在接到第一张退稿单时，就会放弃写作了，而她却坚持了4年之久，决心要获得成功。

终于，赫斯特小姐成功了。她靠自己坚忍不拔的毅力，战胜了困难与时间的考验。从此以后，出版商纷纷登门求稿。钱来得太快，她几乎都来不及数。接着，电影界也发现了她，从此辉煌的成就如洪水似的滚滚而来。

与赫斯特小姐取得成功相似的例子还有很多，而且多得数不胜数，俯拾即是。

西蒙斯一家人是一个非常普通的美国家庭，他们曾经很有钱，还雇用了一名司机。但是，1929年股票市场大崩溃后，他们失去了财产，只得搬到亲戚家，寄人篱下，靠变卖妻子的珠宝度日。

不久，丈夫死于中风，妻子开始在一个做信封的工厂做工，经过多年的奋斗，妻子终于赎回了她以前变卖的珠宝。她的女儿专门写了一本书，记载了这个故事。

书中说：“母亲从来不怨天尤人，她的决心和毅力使这个家庭得以维持下去。一个人尽管遭遇不幸，但是只要有决心和动力就能克服种种困难。我的母亲正是怀着这种决心，一定要重新拥有那些对自己有价值的东西，她所做的就是忘掉过去，展望未来。”

4. 如何在挫折中奋进

许多年前，一位聪明的老国王召集大臣，让他们编一本《古今智慧录》留传给子孙。这些大臣工作很长时间，完成了一套12卷的巨作。国王说太厚、需要浓缩。这些大臣又经过长期的努力，变成了一卷书。然而，国王还嫌太长。于是，这些人把一本书浓缩为一章，然后缩为一页，再变为一段，最后变成一句，聪明的国王看到这句很高兴，他说：“这是古今智慧的结晶。全国各地的人一旦知道这个真理，我们大部分的问题就可解决了。”这句话是：“挫折是一笔可贵的财富。”有责任感的人都会同意“挫折是一笔可贵的财富”。没有人会不劳而获，在走向成功的道路上，你要付出汗水，还要勇敢面对挫折与失败。

从挫折中汲取教训，是迈向成功的垫脚石。当我们观察成功人士时，会发现他们的背景虽各不相同，但是，这些知名人士的成功，都是经历过艰难困苦的磨炼。

5. 培养永不言败的心理

永远不要说失败，因为如果你一再说失败，你很可能会说服自己去接受失败。

你有了问题，特别是难以解决的问题，可能让你烦恼万分。这时候，有一个基本原则可用，而且永远适用。这个原则非常简单——永远不放弃。

放弃必然导致彻底的失败，而且不只是手头的问题没解决，还会导致人格的最后失败，因为放弃会使人产生一种失败的心理。

如果你使用的方法不能奏效，那就改用另一种方法来解决问题。如果新的方法仍然行不通，那么再换另外一种方法，直到你找到解决眼前问题的钥匙为止。任何问题总有一个解决的钥匙，只要持续不断地、用心地循着正道去寻找，你终会找到这把钥匙。

你听过海耶士·琼斯的事迹吗？他是1960年跨栏比赛的风云人物，他赢得一场又一场的比赛，打破了许多纪录，真是轰动一时。他顺理成章地被选为参加当年在罗马举行的奥运会的选手，参加110米跨栏比赛，全世界都认为他能赢得金牌。

但是，出乎意料，他并没有得到金牌，只跑了个第三名。这当然是个极大的挫折。他的第一个想法是："怎么办呢？我或许该放弃比赛。"要再过4年才会有奥运会，而且他已经赢得所有其他比赛的跨栏冠军，何必再受4年更艰苦的训练？看来唯一合理的出路是退出比赛，开始在事业上寻求发展。

这当然非常合乎逻辑，但是海耶士·琼斯却不能安于这种想法。"对自己一生追求的东西，"他说，"你不能够事事讲求逻辑。"因此他又开始了训练，1天3小时，1个星期7天。在以后几年里，他又在60码和70码跨栏项目创造了一些新纪录。

1964 年 2 月 22 日，在纽约麦迪逊广场花园，琼斯参加 60 码跨栏赛。赛前他曾经宣布这是他最后一次参加室内比赛。大家的情绪都很紧张，每个人的眼睛都看着他。他赢了，平了自己以前所创的最高纪录。琼斯跑完，走回跑道上，低头站了一会儿，答谢观众的欢呼。然后 1.7 万名观众都起立致敬，琼斯感动得落下了眼泪，很多观众也流下眼泪来。一个曾经失败的人仍然继续坚持下去。他不放弃，而爱他的人们就爱他这一点。

他参加了 1964 年东京奥运会，在 110 米栏比赛中跑出 13.6 秒的成绩，得了第一名，他终于赢得了金牌。

海耶士·琼斯的故事使人们想起了歌德的话："不苟且地坚持下去，严厉地驱策自己继续下去。就是我们之中最微小的人这样去做，也很少不会达到目标。因为坚持的无声力量会随着时间而增长到没有人能抗拒的程度。"

"每一个问题都蕴含着解决的种子。"这句了不起的话是美国一位杰出的思想家史坦利·阿诺德说的。他强调了一项重要的事实，就是每一个问题内部都自有解决之道。

问题能够增进你的洞察力、精力以及一般的能力，使生活具有建设性。已故的美国著名电机工程师和发明家查尔斯·克德林深深体会这一点，因此他在通用汽车公司实验室的墙上钉了一块牌子，用来勉励自己和助手。牌子上写着："别把你的成功带给我，因为它会使我软弱。请把你的问题交给我，因为这才能增强我。"

很多成功的人，他们之所以成功，至少有部分原因是因为他们学会了寻求对问题的认识。他们不愿意让自己被问题压垮，更不愿意被问题吓坏。相反的，他们冷静而实事求是，从各个角度深入地去研究情况。他们向专家以及向那些曾经面对过相似问题的人请教而获得建议。他们检视问题，仔细把问题分解了看，直到他们对问题无所不知。

6. 把失败当做暂时的考验

古今中外的成功人物中，有些人是由于前辈、长者的某一句激励的话而从此奋起，终于扬名于世；有些人却是由于遭到了莫大的侮辱，因而下定“等着瞧”的雪耻意愿，奋斗数年，终告成功。

人没有刺激就不会进步。困难时、痛苦时的智慧才可贵。亨利·福特说过：“人生是经验的积累，如果能够通过每一次经验的磨炼，就能成为有用的人。”因此，虽然人生难免有失望、失败、悲伤等不幸，但无论如何我们都要鼓起勇气，本着坚忍不拔的精神，继续前进。

如果你因为失败而一蹶不振，那么你就彻底地失败了。如果换个角度来看，你就会把失败当做是暂时的考验，是经验的一部分，这样才不会在原地踏步、停滞不前。

屈辱感对一个上进的人来说，就是一股驱动力。这种力量逼他潜能尽展，假以时日就能成为英杰。即使对于一些有才能的人而言，有时候也需要运用这一异乎寻常的方法，激起自己的奋起上进之心。

必须留意的是：激发之后，要有一个人从旁疏导、引导，才能收到预期的效果。否则，弄巧成拙，毁了一个人才，那就与本意南辕北辙了。

松下幸之助说过，即便是功绩显赫的伟人，也不都是常胜将军。他们之所以伟大，就在于他们每每能够从失败中吸取经验教训，逐步建立起战胜困难的坚定信心，最终取得伟大成就。这就是失败乃是成功之母的道理。

从长远的观点来看，逆境也是非常有益的。对于那些想赚钱的人来说，经济景气不景气，恐怕是他们最关心的事。景气，大家欢迎；不景气，大家都讨厌。就情况发生时的情况来看，的确会如此。

但是，如果从整体的观点看，不景气之时或许是促成另一个伟大发展的基础。不景气时，固然会让人备受痛苦的困扰，但也唯有在不景气时，才能有所收获。因为不景气使我们了解了一些以前不知道的事情，或萌生某种觉悟，审慎地安排下一步棋。因此，很多发展都源于不景气之时。从这个观点看来，不景气也未必全然是件坏事。

人处在顺境中，往往不知不觉中会产生某种安逸的心理。常言道：居安思危。这是非常重要的态度。当人的生活太过安逸，就会逐渐丧失斗志，所谓生于忧患、死于安乐，玩物丧志就是这个道理，顺境会腐蚀人的心灵和力量，而逆境则会促使人产生新的力量。

恐怕没有人能百分之百做到居安思危。不论多么伟大的人，只要太平无事，一般都容易产生安逸的心理。可是，如果碰到困难而陷入窘境，立刻就会觉醒过来，以紧张的心情面对工作，便会油然而发顺境时不可能产生的智慧，创造一些过去所没有的构想，从而可以诞生一些划时代的进步和革新。

人们在不慎失败陷入困境时，能否正视现实，坦率地承认自己的失败，是至关重要的。

不敢承认失败的人，不论经历多少次失败，都不会有丝毫的进步。有一些人就是这样，在遇到困难时，一味地怨天尤人，结果一而再、再而三重蹈覆辙，以致丧尽元气。

相比之下，倒是那些敢于正视困难的人，吸取了失败的教训，日后才得以成长进步。

盛田昭夫说，失败与错误对于人们来说，有时是不可避免的，从长远的角度来看，它带给企业的也并非仅仅是损失。只要你认为是正确的，就大胆去干，即使失败，也一定要从中学到一点什么东西，使自己避免重犯同样的错误。

可以肯定的是，不论拥有多么伟大的事业，从来没有一个人不曾遭遇过失败。做事总会遭遇失败，但在每一次的

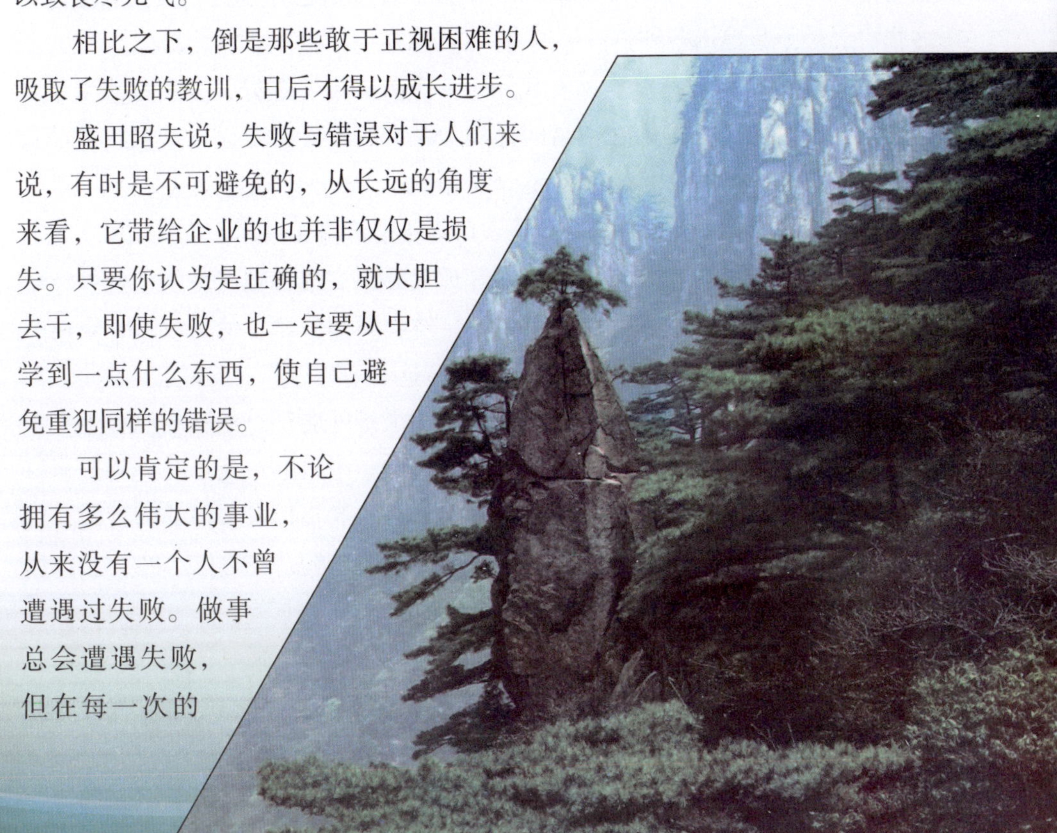

失败中有所发现，经过无数的体验后，就会逐渐成长。最后，在自我心中产生某种伟大的信念，才能完成伟大的业绩。

最重要的是，当遭遇失败而陷入困境时，要勇敢而坦白地接受失败，并且认清失败的原因，体悟到这是非常难得的经验、最宝贵的教训。具有这种宽大心胸的人，往后必定是个最进步、最有希望成功的人。

7. 生命的脚本靠自己去写

你一定听过“自讨苦吃”“自找麻烦”“搬起石头砸自己的脚”“自作孽，不可活”等等诸如此类的话，这些都是在描述一个人所犯的错误，结果把自己逼往失败的境地。

仔细想想，包括我们在内的每一个人，一不小心好像难免都会犯以上的错误，只不过是程度严重与否的问题。无怪乎有句话形容：“自己才是自己最大的敌人。”因为我们总是不断地用各种方法“迫害”自己。

心理学家分析指出，其实，在我们每一个人的内心深处，多少都隐藏了一些“自毁”的倾向，这种内在情绪的冲动常常会驱使一个人做出危及自己的行为。譬如，有人整天絮絮叨叨，看什么事都不顺眼，动不动就抱怨这个抱怨那个，好像所有的人都做了对不起他的事；还有的人，生活漫无目标，整日无所事事，只会嫉妒别人的成就，自怨自艾为什么好运永远不会落在他的头上。此外，还有的人嗜酒如命、沉湎于药物、好财成性、饮食不知节制、消费成癖、纵情声色等等，这些都称得上是自毁行为。

我们常常把失败的原因归咎于别人，其实很多问题都是出在自己身上，很多麻烦都是自找的。每一个人在先天性格上都有一些缺陷，只是我们不愿承认失败是出于自己的缺点，这种“不愿当输家”的防卫心理很容易让人理解，但如果我们对自己的缺点浑然不觉或者不知反省，结果就会把自己一步一步推向输家的角色。

美国心理学家安德鲁·杜柏林就提出警告，如果你出现了下列症状，而且病况严重，你就注定要成为输家：

1. 活在自欺当中。这种人只知道活在过去，死抱着以前做事、生活的方式不放，而没有心思注意眼前的事实。

2. 不断地仰赖别人的掌声或赞许才能生存，以克服内心深处的自卑感。

3. 马失前蹄。在压力愈大的时候，表现愈不理想，变得非常紧张，放不开。

4. 虎头蛇尾。做任何事从来不坚持到底，也不够专注，总是找借口减轻责任。

5. 轻诺背信。动不动就撒手走人，留了一堆烂摊子让别人收拾残局。

6. 单打独斗。喜好做独行侠，一碰上团队合作就束手无策，心生抗拒。

7. 嫉妒心重。见不得别人比自己好，动不动就吃醋。

8. 自制力差。按捺不住内心的冲动，而且老是故态萌发。

9. 逃避问题。习惯当鸵鸟，不论任何大小问题，一概熟视无睹，埋头不理。

10. 渴望被别人喜爱，而且不计代价地处处讨好别人。

11. 恩将仇报。对有恩于你的人不知感激，甚至反咬对方一口。

“生命的脚本可由演出者的主观意志加以改变”，杜柏林认为，每个人天生的性格固然会影响他的行为模式，但即使你的输家脚本是与生俱来的，你也可以决定不再依赖这种脚本过日子。问题是，你愿不愿意正视你的缺陷，改变你的自毁行为，不再继续自讨苦吃。

想要不再与自己为敌，并且停止迫害自己，就要找出和解的方法。当然，你要革除多年的自毁习惯，绝非一蹴可成，必须持之以恒地努力。重要的是，当你一点一滴慢慢铲除这些障碍的时候，你就会发现：你已经不再是自己最大的敌人而是你最好的朋友。

8. 为什么只要不断努力就能战胜一切

“世上无难事，只要肯登攀。”世上的事，只要不断努力去做，就能战胜一切，取得成功。但如果停下来不做，那就会和画饼充饥一样，永远达不到目的。

这是个浅显简单的道理，但我们在实际生活中，却常常忘了它。我们常常会有“为山九仞，功亏一篑”的遗憾——成功就距我们一步之遥，我们却在这最后的关头放弃努力，让胜利轻易地与我们擦肩而过，我们该是多么懊丧！

有一年高考作文题是一组漫画：一个人挖井找水，挖了几眼井，都没挖到有水的深度就放弃了，有一眼井只差几锹就可见水了，他却“止之不作”了，所以到底没有找到水，只得悻悻离去。考生们据画写作文，可批评“浅尝辄止”的不良学风，可讲“不讲科学，盲目打井”的教训，也可检讨“见异思迁，三心二意”的毛病。而我们要借这画说的，就是“成功往往在于再坚持一下的努力之中”。这个观点毛泽东就提出来过，京剧《沙家浜》中，郭建光带着十八个伤病员坚持在芦苇荡中，他鼓励战友的一句台词就是“胜利往往在再坚持一下的努力之中”！

台湾企业家高清愿当初在经营台湾的统一超市时，连续亏损6年。但他没有就此放弃，而是带领企业坚持走自己的路。终于在调整营业方针、市民消费能力提高之后，统一超市开始转亏为盈，如今他的企业稳居台湾便利商店业龙头地位。高清愿的故事告诉我们，往往是在最困难的时候，最需要“再坚持一下”，这是对自己勇气和毅力的严峻考验。胆怯的人往往会退缩，而勇敢的人则会经受住考验，真是“山重水复疑无路，柳暗花明又一村”。而适时调整，等待时机，也是不可少的。

要想成功，就要“作之不止”，决不能半途而废。当然，方法、计划可以调整，但决不要让失败的念头占据了上风。

“轻易放弃，总嫌太早。”记住这句话吧。越是在困难的时候，越要“再坚持一下”。有时，在顺境时，在目标未完全达到时，也要“再坚持一下”，不要因小小的成功就停步不前。

解放战争时，解放军节节胜利，把蒋介石的军队赶过了长江。这时，斯大林建议毛泽东与蒋介石“划江而治”。毛泽东的回答是：“宜将剩勇追穷寇，不可沽名学霸王。”他指挥百万雄师过大江，把胜利的旗帜插上了南京蒋介石的“总统府”。

“再坚持一下”，是一种不达目的誓不罢休的精神，一种对自己所从事的事业的坚强信念，也是高瞻远瞩的眼光和胸怀。它不是蛮干，不是赌徒的“孤注一掷”，而是在通观全局和预测未来后的明智抉择，它更是一种对人生充满希望的乐观态度。在山崩地裂的大地震的灾难中，不幸的人们被埋在废墟下，没有食物，没有水，没有亮光，连空气也那么少。一天，两天，三天……还有希望生还吗？有的人丧失了信心，他们很快虚弱下去，不幸地死去，而有些人却不放弃。他们坚信外面的人们一定会找到自己，救自己出去。他们坚持着，哪怕是在最后一刻……结果，他们创造了生命的奇迹，他们从死神的手中赢得了胜利。

请再坚持一下，当你遇到困境时，当你获得小胜时，当你就要绝望时——坚持就是胜利！

第八章　百折不挠　坚持到底

1. 天才就是“坚持”

“引导人们重新塑造自我”的成功学大师斯维特·马尔登指出：“在所有那些最终决定成功与否的品质中，‘坚持’无疑是你最终实现目标的关键。”

人们总是责怪命运的盲目性，其实命运本身还不如人那么具有盲目性。了解实际生活的人都知道：天道酬勤，命运掌握在那些勤勤恳恳地工作的人手中，就如优秀的航海家驾驭大风大浪一样。对人类历史的研究表明，在成就一番伟业的过程中，一些最普通的品格，如公共意识、注意力、专心致志、持之以恒等等，往往起很大的作用。即使是盖世天才也不能小视这些品质的巨大作用，一般的就更不用说了。事实上，那些真正伟大的人物相信的正是常人的智慧与毅力的作用，而不相信什么天才。甚至有人把天才定义为公共意识升华的结果。斯维特·马尔登指出，天才就是不断努力的能力；约翰·弗斯特认为天才就是点燃自己的智慧之火；波恩认为“天才就是耐心”。

瓦特可以说是世界上最勤劳的人之一，他的生平证明了，所有他的经验都确认了这么一个道理：那些天生具有伟大精力和伟大才能的人并非一定就能取得最伟大的成就，只有那些以最大的勤奋和最认真的训练有素的技能——包括来自劳动、实际运用和经验等方面的技能去充分发挥自己才能和力量的人才会取得伟大成就。与瓦特同时代的许多人所掌握的知识远远多于瓦特，但没有一个人像瓦特一样刻苦工作，把自己所知道的知识服务于对社会有用的实用操作方面。在各种事情中，最重要的是瓦特那种对事实坚忍不拔的探求精神。他认真培养那种积极留心观察、做生活的有心人的习惯，这种习惯是所有高水平工作的头脑所赖以依靠的。实际上，埃德奇沃斯先生就对这种观点情有独钟，他认为，人们头脑中的知识差异在很大程度上更多地是由早年时代所培养起来的留心观察的习惯所决定的，而不是由个人之间能力上任何巨大的差别来决定的。

瓦特甚至在孩提时代，就在自己的游戏玩具中发现了科学性质的东西。散落在他父亲的木匠房里的扇形体激发他去研究光学和天文学；他那体弱多病的状态导致他去探究生理学的奥秘；在偏僻的乡村度假期间，他兴致勃勃去研究植物学和历史。在他从事数学仪器制造期间，他收到一个制作一架管风琴的订单，尽管他没有音乐细胞，但他立即着手去研究，终于成功地制造了一架管风琴。同样，在这种精神的驱使下，当执教于格拉斯哥大学的纽卡门把细小的蒸汽机模型交给他修理时，他马上投入到学习当时所能知道的一切关于热量、蒸发和凝聚的知识中去，同时他开始从事机械学和建筑学的研究。这些努力的结果最后都反映在凝结了他无数心血的压力蒸汽机上。

天赋过人的人如果没有毅力和恒心作基础，他只会成为转瞬即逝的火花；许多意志坚强、持之以恒而智力平平乃至稍稍迟钝的人都会超过那些只有天赋而没有毅力的人。正如意大利民谚所云：“走得慢且坚持到底的人才是真正走得快的人。”

那些最能持之以恒、忘我工作的人往往是最成功的。

人人都渴望成功，人人都想得到成功的秘诀，然而成功并非唾手可得。我们常常忘记，即使是最简单最容易的事，如果不能坚持下去，成功的大门绝不会轻易地开启。除了坚持不懈，成功并没有其他秘诀。

2. 不放弃努力就不算输

阿迈尔参加纽约市的演讲比赛，没能进入决赛，爸爸和妈妈一起去接他回家。一见面，爸爸就问他：“你是输了？还是没有赢？”阿迈尔不解地说：“这有什么分别？”爸爸没有回答他的问题，只是再次问道：“下星期在史泰登岛的另一场比赛，你还打算参加吗？”阿迈尔十分坚决地说：“当然要！”爸爸说：“那么，你今天只是没有赢，而不是输了！”一个输了的人，如果继续努力，打算赢回来，那么他今天的输，就不是真输，而是“没有赢”。相反地，如果他失去了再战斗的勇气，那就是真输了！

海明威的名著《老人与海》里面有这样一句话：“英雄可以被毁灭，但是不能被击败。”尼采说过这样一句名言：“受苦的人，没有悲观的权利。”英雄的肉体可以被毁灭，但是精神和斗志不能被击败。受苦的人，因为要克服困境，所以不但不能悲观，而且要比别人更积极！

据说徒步穿过沙漠，唯一可能的办法，是等待夜晚，以最快的速度走到有荫庇的地方，中途不论多么疲劳，也不能倒下，否则第二天烈日升起，加上沙子炙人的辐射，只有死路一条。

在冰天雪地中历险的人，也都知道，凡是在中途说“我撑不下去了，让我躺下来喘口气”的同伴，必然很快就会死亡，因为当他不再走、不再动，他的体温就会迅速降低，跟着就被冻死。

在人生的战场上，我们不但要有跌倒之后再爬起的毅力、拾起武器再战的勇气，而且从被击败的一刻，就要开始下一波的奋斗，甚至不允许自己倒下，不准许自己悲观。那么，我们就不是彻底输，只是暂时地“没有赢”了！

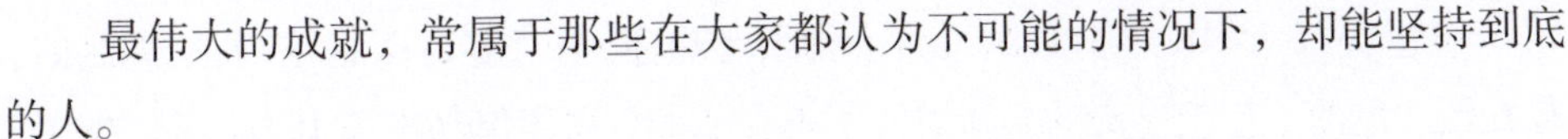

最伟大的成就，常属于那些在大家都认为不可能的情况下，却能坚持到底的人。

3. 用“耐心”打败对手

先发制人是战争与竞争的一般规律，而后发制人是敌强我弱时常用的谋略。后发制人运用得当，常可以弱胜强、以少胜多。从政治上讲，后发制人容易争取人心，动员民众，取得国际同情和支持；从军事上讲，后发制人强调以我之持久，制敌之速决，避免在不利时进行决战，以便争取时间，创造条件取胜；从市场竞争上讲，后发制人可以避免与强大对手硬拼，而等到对手走下坡路时，再乘机出击。

后发制人的谋略主要表现为 8 个字：避其锐气，蓄盈待竭。蓄盈，即保持和壮大自身的力量；待竭，即消耗和削弱对手的力量。“后发”的计谋是有目的、有预见、胸有成竹的，绝不是畏敌怯战，而是寻机待战。在国际市场竞争中，如果有强大对手企图用削价抛售来占领市场，聪明的企业家决不竞相削价争夺，而是保持价格，提高质量。因为削价抛售决不能持久，待对手衰竭，就可以高质量夺回市场。

20世纪50年代，日本布制玩具小狗很受欢迎，有许多厂家竞争，有用绸制的，有五颜六色的，有能摇头的，都增加了不少成本，而售价却不高上去，难以持久。三鹰市有个酒井小作坊，人少本微，快被竞争挤垮了。可老板酒井灵机一动，用红色塑料管斜截一段插入狗嘴巴，使这个小狗宛如伸出鲜红的小舌头，有了特色，颇受孩子们的喜爱，成本也不用增加多少。酒井就是靠这后发制人的谋略，反败为胜，成为名气越来越大的玩具制造商。

4. 百折不挠的人可以战胜一切

1832年，林肯失业了，这显然使他很伤心，但他下决心要当政治家，当州议员，糟糕的是他竞选失败了。在一年里遭受两次打击，这对他来说无疑是痛苦的。他着手开办企业，可一年不到，这家企业又倒闭了。在以后的17年间，他不得不为偿还企业倒闭时所欠的债务而到处奔波，历经磨难。

1835年，林肯订婚了，但离结婚还差几个月的时候，未婚妻不幸去世。这对他精神上的打击实在太大了，他心力交瘁，数月卧床不起。在1836年他还得过神经衰弱症。1838年他觉得身体状况良好，于是决定竞选州议会议长，可他失败了。1843年，他又参加竞选美国国会议员，但这次仍然没有成功。

他虽然一次次地尝试，但却是一次次地遭受失败：企业倒闭、情人去世、竞选败北。要是你碰到这一切，你会不会放弃——放弃这些对你来说是重要的事情？他没有放弃，他也没有说："要是失败会怎样？"1846年，他又一次参加竞选国会议员，最后终于当选了。两年任期很快过去了，他决定要争取连任。他认为自己作为国会议员表现是出色的，相信选民会继续选举他。但结果很遗憾，他落选了。因为这次竞选他赔了一大笔钱，他申请当本州的土地官员，但州政府把他的申请退了回来，上面指出："做本州的土地官员要求有卓越的才能和超常的智力，你的申请未能满足这些要求。"

接连又是两次失败。在这种情况下你会坚持继续努力吗？你会不会说"我失败了"？

然而，他没有服输。1854年，他竞选参议员，但失败了；两年后他竞选美国副总统提名，结果又被对手击败；又过了两年，他再一次竞选参议员，还是失败了。

在林肯大半生的奋斗和进取中，有九次失败，只有三次成功，而第三次成功就是当选为美国的第十六届总统。那屡次的失败并没有动摇他坚定的信念，而是起到了激励和鞭策的作用。每个人都难免要遇到挫折和失败，阿伯拉罕·林肯面对失败没有退却、没有逃跑，他坚持着、奋斗着。他始终有充分的信心向命运挑战，压根就没想过要放弃努力，他可以畏缩不前，不过他没有退却，所以迎来了辉煌的人生。

举重冠军詹姆斯·柯伯特常说：“再奋斗一回，你就成了冠军。事情越来越艰难，但你仍需再努把力。”

威廉·詹姆斯指出：“在失败了之后，我们不仅要重整旗鼓，而且还要做第3次、第4次、第5次、第6次甚至是第7次的努力。在每个人体内都有巨大的储备力量，但除非你明白并坚持开发使用，否则它是毫无意义的。”

5. 幸运永远属于生活的强者

被誉为“各行各业巅峰战士的终极教练”的安东尼·罗宾说：“在通往目标的历程中遭遇挫折并不可怕，可怕的是因挫折而产生的对自己能力的怀疑。”其实，挫折并不能证明什么，因为我们是人而不是神，我们不可能十全十美。相反，我们能力的大小，只有在经受了各种各样的考验之后方能证实。挫折就是这样一种必须经受的考验，它可以提醒我们去寻找和发现我们自身的不足之处，然后对它们进行弥补和改善。挫折使我们有了这样一种机会：让我们清醒地认识到事情是如何朝着失败的方向转变的，以使我们在将来能够避免因重蹈覆辙而付出更加高昂的代价。

最重要的是，挫折还使我们看清了自己在通往目标的道路上一个必须去加以征服的敌人，这个敌人不是别人，他通常就是我们自己，人类最杰出的成就经常是在战胜自我的同时被创造出来的，人类最崇高的目标也经常是在彻底战胜自我的同时达到的。

艰难困苦对生活的强者来说，犹如通向成功之路的层层阶梯；而对生活的弱者来说却是万丈深渊。生活告诉我们这样的哲理："在人类的历史上成就伟大事业的往往不是那些幸福之神的宠儿，却反而是那些遭遇诸多不幸却能奋发图强的苦孩子。"

古往今来有许多这样的例子。德国大作曲家贝多芬由于贫困没能上大学，17 岁时得了伤寒和天花；这之后，肺病、关节炎、黄热病、结膜炎又接踵而至；26 岁时不幸失去了听觉；在爱情上他也屡屡不顺。在这种境遇下，贝多芬发誓"要扼住命运的咽喉"。在与命运的顽强搏斗中，他的意志占了优势，在乐曲创作事业中，他的生命重新沸腾了。英国诗人勃朗宁夫人 15 岁就瘫痪在床，后来靠着精神的力量同病魔顽强搏斗，39 岁时终于从病床上站了起来。她写的《勃朗宁夫人十四行诗》一书驰名于世界各地。

一个人可能会由于家庭、身体等种种原因而感到失意，但只要他内心深处坚信自己是能够有所作为、干一番事业的，这样，他就会产生战胜困难、向命运挑战的巨大勇气，而他的社会价值，也终会在所从事的事业中实现。18 世纪德国诗人歌德，用 26 年的时间完成了一部不朽名著《浮士德》。作品完成后，他的秘书请他用一两句话概括作品的主旨，他引用浮士德的话说："凡是自强不息者，终能得救！"

6. 要相信苦难不会持久

在拿破仑·希尔的演讲中，经常提到罗伯特·斯契勒的故事。

一天，罗伯特·斯契勒来到芝加哥，向一群中西部农民发表演说。虽然他满腔热忱，但很快便被他们凝重的面色泼了一盆冷水。他们强作热情地接待罗伯特，其中有位农民告诉他说："我们正过着艰苦的日子。我们需要帮助。我们最需要的是希望。给我们希望吧。"

在罗伯特开始演讲前，主持人向这些听众作介绍，他把罗伯特形容为一个成功的人，但是听众不知道，罗伯特也曾走过他们现在所走的路。

罗伯特的童年是在中西部的一个小农场里度过的。他的父亲本来是一个雇农，后来积够了钱才买了一个 65 公顷的农场。经济大萧条时，罗伯特还只有三岁。那年冬天，他们有时连买煤也没钱。那时候罗伯特也要工作，他要爬进猪栏，捡拾猪吃剩后的玉米棒子，用来做燃料。那些日子真苦啊！

第二年春天，又遇到严重春旱。罗伯特的父亲准备把辛辛苦苦留起来的几斗宝贵玉米用作种子。

“种了可能枯死，何必还要冒险去种呢？”罗伯特问。

他父亲却说：“不冒险的人永无前途。”

于是，他父亲把留起来的最后一些玉米粒和燕麦，全都拿出来种了。可是，第四个星期过去了，还不见有雨来临，父亲的脸绷得紧紧的。他和其他农民聚在一起祈祷，请求上帝拯救他们的田地和作物。后来，雷声终于响起——天下雨了！虽然罗伯特雀跃万分，但是他的父母知道雨下得不够。炎阳不久就再次出现，天气又热起来了。他父亲掐了一把泥土，只有上面四分之一是湿的，下面全是粉状的干泥。

那年夏天，罗伯特看见弗洛德河逐渐变成干涸，小水坑变成泥坑，平时来去游动的鲶鱼都死了。他父亲的收成只有半车玉米，这个收成和他所播的种子数量刚好相等。父亲在晚餐祈祷时说：

"慈爱的主，谢谢你，我今年没有损失，你把我的种子都还给我了。"当时并不是所有的农民都像他父亲那么有信心，一家又一家的农场挂起了"出售"的牌子。他父亲当时请求银行给予帮助，银行信任他，因而帮助了他。罗伯特还记得童年时穿着缀满补丁的大衣跟父亲去爱阿华银行，他记得那银行的日历上有这样一句格言："伟人就是具有无比决心的普通人。"他觉得父亲就是这种积极态度的榜样。

若干年后六月里的一个寂静下午，罗伯特家受到龙卷风的侵袭。他们起初听到一阵可怕的怒吼声，慢慢的，风暴逐渐逼近了。忽然天上有一堆黑云凸了出来，像个灰色长漏斗般伸向地面。它在半空中悬吊了一阵子，像一条蛇似的蓄势待攻。父亲对母亲喊道："是龙卷风，珍妮！我们得赶快离开这里！"转瞬间，他们便已慌慌张张地开车上路。南行三公里之后，他们把车子停好，观看那凶暴的旋风在他们后面肆虐……到他们返回家后，发现一切都没有了，半小时前那里还有九幢刚刷过的房屋，现在一幢也不存在，只留下地基。父亲坐在那里惊愕得双手紧握驾驶盘。这时，罗伯特注意到父亲满头白发，身体由于艰辛劳作而显得瘦弱不堪。突然间，父亲的双手猛拍在驾驶盘上，他哭了："一切都完了！珍妮！26年的心血在几分钟内全完了！"但是，他父亲不肯服输。两星期后，他们在附近小镇上找到一幢正在拆卸的房子，他们花了50美元买下其中一截，然后一块块地把它拆下来。就是用这些零碎东西，他们在旧地基上建了一幢很小的新房子。以后几年，又建筑了一幢幢房屋。结果，他父亲在有生之年，看到了他的农场经营得非常成功。

讲完了自己的故事，罗伯特告诉听众："苦难不会持久，强者却可长存！"听众顿时响起热烈掌声。那些已经失去希望以及曾与沮丧情绪搏斗的人，重新获得了希望。他们有了新的憧憬，再度开始梦想未来。

当你面对艰苦日子的时候，千万不要泄气，不要绝望。要坚持下去。如果困苦好像达到极点的时候，你要提醒自己：苦难不会持久，强者却可长存！

7. 坚忍不拔，克服一切困难

坚忍，是克服一切困难的保障，它可以帮助人们成就一切事情，达到理想。

有了坚忍，人们在遇到大灾祸、大困苦的时候，就不会无所适从；在各种困难和打击面前，就仍能顽强地生活下去。世界上没有其他东西，可以代替坚忍。它是唯一的，不可缺少的。

坚忍，是所有成就大事业的人的共同特征。他们中有的人或许没有受过高等教育，或许有其他弱点和缺陷，但他们一定都是坚忍不拔的人。劳苦不足以让他们灰心，困难不能让他们丧志。不管遇到什么曲折，他们都会坚持、忍耐着。

以坚忍为资本去从事事业的人，他们所取得的成功，比以金钱为资本的人更大。许多人做事有始无终，就因为他们没有充分的坚忍力，使他们无法达到最终的目的。然而，一个伟大的人，一个有坚忍力的人却绝非这样。他不管情形，总是不肯放弃，不肯停止，而在再次失败之后，他会含笑而起，以更大的决心和勇气继续前进。他不知失败为何物。

做任何事，是否不达目的不罢休，这是测验一个人品格的一种标准。坚忍是一种极为可贵的德行。许多人在情形顺利时肯随大众向前，也肯努力奋斗。但当大家都退出，都已后退时，还能够独自一人孤军奋战的人，才是难能可贵的。这需要很强的坚忍力。

对于一个希望获得成功的人，也许要始终不停地问自己："你有耐心吗？你有坚忍力吗？你能在失败之后，仍然坚持吗？你能不管任何阻碍，仍然前进吗？"

8. 培养把握时机所必需的耐心

富兰克林说："有耐心的人无往而不利。"

耐心需要特别的勇气；对一个理想或目标全然地投入，而且要不屈不挠，坚持到底。就像勃朗宁所说：“有勇气改变你能够改变的，愿意接受你无法改变的，并且明智地判断你是否有能力改变。”因此，追求人生目标的决心愈坚定，你就愈有耐心克服阻碍。所谓的耐心，是指动态而非静态，主动而不是被动，是一种主导命运的积极力量，而不是向环境屈服。这种力量在我们的内心源源不断，但必须严密地控制及引导，以一种几乎是不可思议的执着，投入既定的目标。

有了坚定的人生方向，可以提高你对于挫折的忍受力。你知道目标逐渐接近，这些只是暂时的耽搁。如果你积极地面对困难，问题就能迎刃而解。

耐心等待，等待机会，你就能在意想不到中获得成功。

机会是一种稍纵即逝的东西，而且机会的产生也并非易事，因此不可能每个人什么时候都有机会可抓。而机会还没有来临时，最好的办法就是：等待，等待，再等待。在等待中为机会的到来做好准备。一旦机会在你面前出现，千万别犹豫，抓住它，你就是成功者。

耐心等待是一个很不错的办法，但耐心等待绝不是什么也不做。在美国，许多企业家都深深地懂得它的重要性，他们都极富耐心。他们知道，等待会使他们取得意想不到的成功。

洛克菲勒就是这样一个有耐心的成功者，他以他特有的美国人的习性，等待着机会的出现，而一旦机会出现，他就会毫不犹豫，迅速地抓住它，从而获得意想不到的成功。

如何培养耐心？很简单，只要你确定人生的目标，专注于你的目标，直到你充满旺盛的企图心，那么你所有的思想、行动及意念都会朝着那个方向前进。耐力是身体健康的一部分，不管发生了什么情况，你必须具有坚持把工作完成到底的能力。耐力是身体健康和精神饱满的一种象征，这也是你发展成为别人的领导者并赢得卓越的驾驭能力所必需的一种个人品质。实际上，忍耐力是与勇气紧密相关的，当事态真正遇到困难时你所必备的一种坚持到底的能力，是需要跑上几公里还得具有百米冲刺的能力。忍耐力也可以被认为是需要忍受疼痛、疲劳、艰苦，并体现在体力上和精神上的持久力。

忍耐力是你在极其艰苦的精神和肉体的压力下长期从事卓有成效工作的能力，忍耐力是需要你长时间付出的额外努力。那是需要你大口呼吸的时刻，而且它也是一种你想具备卓越的驾驭人的能力所必须培养的重要的个人品质。

9. 只要你持续不断地努力

只要你持续不断地努力，就几乎能够战胜一切困难，克服一切障碍，完成一切任务。

如果你曾经到过新奥尔良的码头，毫无疑问的，你一定会被一艘艘拖船拉住沿着密西西比河成排的货船这样的画面所震慑。

一艘不过几英尺长的小拖船，可以拉住一长排每艘重量超过一万吨的货船。拖船之所之具有这种不可思议的力量，秘诀在哪里？

答案是拖船船长知道，如果慢慢地一点一点拖动它，就能使它乖乖听话。如果你想以蛮力强迫一艘运油船改变方向，那是不可能的事，无论你如何加足马力或撞击运油船，都没办法做到。但如果这么一点一点地来，然后在某一时机做适当的动作，你就能做到不可思议的事情。

这对于完成一项复杂的工作的启示是什么？是的，一点一点地来，你就能完成不可能的任务。用这一原理，在交易洽谈中，你可以扭转最顽固的买方，让他改变心意下订单给你。只要你持续不断地努力。

罗杰·道森曾使用“拖船成交策略”成功地向银行贷到25万美元的贷款。有段时间他和一个投资家共同拥有33栋房子，后来他想将对方全部的所有权买过来。要达成这个目标，他们必须找到一家银行，在对房子只有第二顺位的债权下，愿意提供给他们25万美金的贷款。

一开始，银行拒绝这么高风险的放款。罗杰·道森便要求和他们刚上任的副总经理碰面。后来他发现只要和副总经理洽谈的时间够久，就很有机会拿到想要的放款。

经过一小时的洽谈，副总经理同意只要他们存了10万美元的定存当担保，他便同意放款25万美元。但道森并未因此做罢，他不断地重申自己的立场，持续地说服他。就这么经过另一个小时的缠斗后，对方同意在只以房子为担保品的情况下放款。

下次当你遇到一个买方，让你觉得无论如何他都不会改变心意的时候，想想拖船不断碰撞运油船的情形吧，买方会改变心意的。

尽管他们在一分钟前、一小时前或是昨天告诉你否定的答案，也不代表在你下次问他时，他也会给你否定的答案。持续努力，适当的时机做适当的动作，你就可能让一颗顽石点头。

一点一点地来，你就能完成不可能的任务。你可以扭转最顽固的买方，让他改变心意下订单给你。